はじめに

　日本は世界有数の地震大国。このところ、毎年のように大きな地震が起きて人々を震撼（しんかん）させています。2011年の東日本大震災や2016年の熊本地震が多くの被害を出したことは記憶に新しく、いまなお避難生活を送っている方が多く、地道な復興活動が展開されています。

　地震は、日本中どこで発生してもおかしくありません。最近、警戒態勢が強められている「南海トラフ地震」「首都圏直下型地震」をはじめ、東日本大震災を引き起こした東北地方太平洋沖でも、新たな地震発生の可能性が高まっているのではと予測されています。「富士山大噴火」もないとは言えません。

　現在の地震学では、地震発生直後に規模やメカニズムなどをいち早く割り出すことは可能で、緊急地震速報や津波警報のシステムも構築されています。しかしこれは、地震自体の広がりの予測や、応急対策には有効でも、“発生そのものの予測”につながるものではありません。現状の科学では、地殻内のリアルタイムな観測はできませんし、震源の詳細な範囲やひずみのたまり具合も観測しきれていないのです。

　では我々は、大地震発生という「不測の事態」にどう対応すればよいのでしょうか。それはまず「地震そのもの」を知ることです。地震のメカニズムを知り、発生の危険性を頭に入れておけば、「日頃の備え」を再確認することができます。いつ巨大地震が起こっても大丈夫なように、最低限の「災害への備え」を心がけてもらうのが、本書の目的の一つです。

　ある日突然、大きな地震が発生しても、日頃の備えがしっかりしていれば、「臨時情報」に接して「避難」などの態勢が取れます。自治体なども「警戒宣言」を発表して、住民の避難を促進し、鉄道や交通を規制すれば、必要以上の混乱を防ぐことができ、大切な命が失われるのを最小限に止（とど）めることができるでしょう。

　大地震の揺れと津波だけでなく、それに付随する土砂災害や火災など、複合的な災害が起こる場合もあります。その被害から身を守るためにも、「地震はいつ起こっても不思議ではないこと、そして「いざというときにどう行動するか」を日頃から考えておくことが、何より重要なのです。

　突発的な地震に備えるには、慌てないように普段から“頭のトレーニング”をしておくことが大切です。

　なお本書の制作にあたり、画像および情報の提供について、気象庁から全面的なご協力をいただいたほか、ご支援いただいた各機関に、心から感謝を申し上げます。

2020年5月1日

清水書院 GEOペディア
『最新　巨大地震と火山噴火をよく知る本！』
制作委員会

INDEX

Chapter 1

迫り来る巨大地震

　日本は世界で有数の地震国。2000年から2009年にかけて、日本付近でM（マグニチュード）6.0以上の地震が世界の20%も発生しているし、その後も2011年の東日本大震災（東北地方太平洋沖地震）、2016年の熊本地震と、巨大地震が相次いでいる。しかも今後、「南海トラフ地震」「首都圏直下型地震」などの危険性も取り沙汰されている。この原因は、日本列島が地球表面を覆う「プレート」の複雑な境界線上にあるためであることは、よく知られている。

　しかも日本付近には「海溝」があり、ここを震源とする地震は津波をともなうことが多い。では今後、日本列島をどんな地震が襲うのか？ まずは巨大地震の危険度を分析していこう。

1 日本にはなぜ地震が多いのか？

　日本は「地震大国」。なぜ日本に地震が多いのか？　それは日本列島が、地球の表面を覆う「プレート（巨大な岩盤）」上の"微妙な"位置にあるからだ。このプレートは世界中で十数枚。このうち4枚が日本国土の周囲を覆っている。では、これが地震とどう関係しているのか、順を追って見ていくことにしよう。

● 日本周辺のプレート配置

北米プレート

ユーラシアプレート

日本海溝

断層密集エリア

太平洋プレート

南海トラフ

フィリピン海プレート

（図版・資料／気象庁）

■地中の「断層運動」が地震の正体

　地震が発生する主な原因は、地球の表面を覆う十数枚の巨大な「プレート（岩盤の板）」の運動である。

　地球の表面は厚さ100kmほどの巨大なプレートで覆われていて、地球上には2000万km²を超える巨大プレートが7枚、100万km²を超えるプレートが10枚など、合計十数枚のプレートがある。

　このプレートは、海洋底を構成する「海洋プレート」と、大陸および、その縁辺部を形づくる「大陸プレート」に分けられる。

　例えば、上の図の「太平洋プレート」や「フィリピン海プレート」は海洋プレートだ。こうした海洋プレートは、大洋中央海嶺（大洋のほぼ中央部を走る巨大な海底山脈）のプレート生成口から湧き出てきたマントル物質（マントル上部のカンラン岩質マグマに近い成分）が冷えて固まることで

● 日本列島もプレートの上に乗って動いている

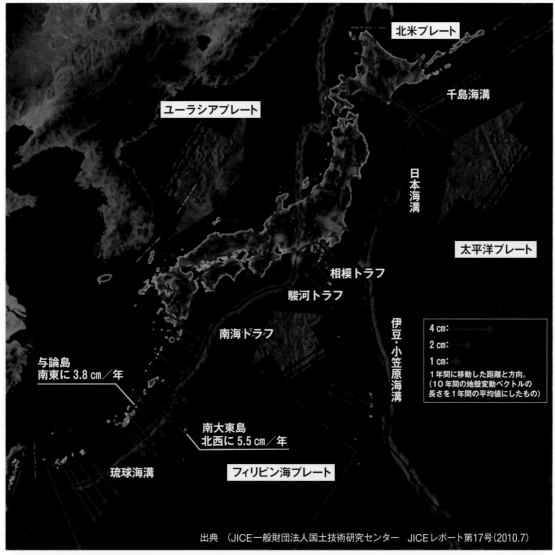

北米プレート

千島海溝

ユーラシアプレート

日本海溝

太平洋プレート

相模トラフ

駿河トラフ

南海トラフ

伊豆・小笠原海溝

4cm:
2cm:
1cm:
1年間に移動した距離と方向。
(10年間の地殻変動ベクトルの
長さを1年間の平均値にしたもの)

与論島
南東に3.8cm／年

南大東島
北西に5.5cm／年

琉球海溝

フィリピン海プレート

出典 （JICE一般財団法人国土技術研究センター　JICEレポート第17号（2010.7）

　プレート上に乗っている日本列島も、プレートの動きに合わせて動いている。太平洋プレートとフィリピン海プレートは日本列島を西や北西方向に押し、ユーラシアプレートは日本海側を東や南東方向に押している。
[日本列島の10年間（2000年5月〜2010年5月）の地殻変動の変動ベクトル（移動距離と方向）の長さを1年間の平均値として示したもの]

形成される。
　一方、「北米プレート」や「ユーラシアプレート」は大陸プレートだ。海洋プレートが移動して海溝で沈み込む途中に、堆積していた物質や海水が一緒になってつくられるマグマで形成される。そのマグマは二酸化ケイ素に富んでおり、比重が軽いため、少しずつ上昇して、冷えて固まり、大陸プレートをつくり上げていったと考えられている。
　これらプレートは、地球内部活動の影響などを受けて、少しずつ動いているが、例えば日本列島の太平洋側の海底では、陸側のプレートの下に海側のプレートが沈み込んでいる。
　その結果、長い年月とともにゆがみがプレート内にたまっていく。そして、それが限界に達したとき、地下の岩盤が、「断層面」という面を境にして急速にずれ動く。これが地震の正体である。
　このように岩盤がずれ動くことを「断層運動」という。

もう少しだけ詳しく説明すると、「断層」とは地下の地層もしくは岩盤に力が加わって割れ、割れた面に沿ってずれ動いて食い違いが生じた状態をいう。

その断層が動く現象が「断層運動」で、食い違いが生じた面そのものを「断層面」と呼ぶ。

私たちが住む街の下にある岩盤には、多くの割れ目があり、ここにひとたび大きな圧力が加わると、割れ目が壊れたり、ずれたりするのである。

また、最近数十万年の間に繰り返し活動し、今後も活動の可能性がある断層を「活断層」という。地震は活断層が弱線となる部分で発生する（P12、56参照）。

「プレート」に話を戻そう。よく「ハワイが日本に毎年少しずつ近づいている」などと話題になることもあるが、これはハワイ諸島が乗っている「太平洋プレート」が東から西に向かって動いているからである。その結果、ハワイ諸島は毎年約8cmずつ、日本に近づいている。

一方、主として北米プレートとユーラシアプレートの上に乗っている日本列島も、プレートの動きに応じて動いている。太平洋プレートとフィリピン海プレートは、日本列島の太平洋側を西方向や北西方向に押し上げ、ユーラシアプレートは日本列島の日本海側を南東方向に押している。

こうした海洋プレートの沈み込みにともなって、大陸プレートの地層や岩盤も、引っ張ったり、押しつぶされたりする力が加わる。

つまり、プレートの運動によって、地下の岩盤は常に圧力を受けていて、少しずつひずみがたまっていく。そして、そのひずみが限界に達すると、岩盤の弱い部分（弱線と呼ぶ）が断層面となって、断層運動をすることでひずみを解消する。

この断層運動による振動が地震波として地表に伝わり、地震動（揺れ）となるのだ。

■発生箇所による3つのタイプ

日本列島は、次の4つのプレートが複雑に絡み合う位置にある。このそれぞれのプレートの面積は、以下の通りだ。

・太平洋プレート…………約1億330万km²
・北米プレート……………約7590万km²
・ユーラシアプレート……約6780万km²
・フィリピン海プレート…約550万km²

● プレート境界型地震、海洋プレート内地震、内陸地殻内地震の模式図

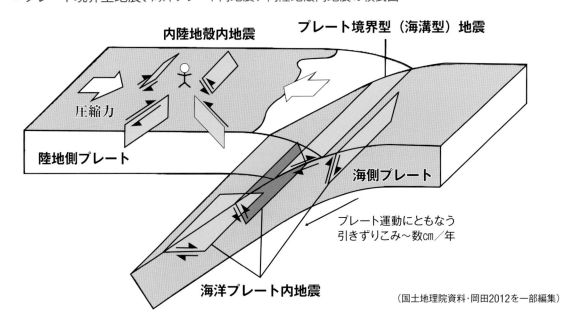

内陸地殻内地震　　プレート境界型（海溝型）地震

圧縮力

陸地側プレート

海側プレート

プレート運動にともなう
引きずりこみ～数cm／年

海洋プレート内地震

（国土地理院資料・岡田2012を一部編集）

● 地震の種類

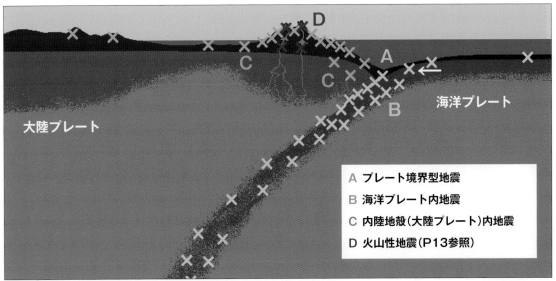

A プレート境界型地震
B 海洋プレート内地震
C 内陸地殻(大陸プレート)内地震
D 火山性地震(P13参照)

（気象庁資料より）

　日本列島の面積は約37万7900km²だが、どれか単一のプレート上にあるのではなく、4つのプレートが接合する地点に位置している。

　これらのプレートは、それぞれが少しずつ動いている。日本列島はユーラシアプレートと北米プレートの上に乗っているが、太平洋プレートが西に移動してきて北米プレートにぶつかり、「日本海溝」などで下に沈み込む。

　では、断層が実際に動いたとき、どんな原理で地震が発生するのだろうか？　地震は、これらのプレートの"どこ"の断層で発生するかによって、大きく3つに分けられる。

A プレート境界型地震
B 海洋プレート内地震
C 内陸地殻内地震

　断層運動がプレート境界で起これば「プレート境界型地震」、海洋プレート内で起こるのが「海洋プレート内地震」、大陸プレート内部で起こるのが「内陸地殻内地震」である。

　また、それ以外にプレートの動きにともなって起きる火山活動が原因となる地震（D 火山性地震）もあるが、詳しくはChapter4で説明する。ここではまず、上記の3つを順に見ていこう　。

A プレート境界型地震

　断層運動がプレートの境界で起こる地震。海洋プレートがマントル内に沈み込む際に、大陸プレートの先端がいっしょに引きずり込まれるとき、大陸プレートと海洋プレートが接するところにはストレスがかかる。そのひずみに耐え切れなくなるとたまっていたエネルギーが解放されて、大陸プレートの先端が跳ね上がる。この断層運動が地表を揺らすのが「プレート境界型地震」である。

　例えば、日本の東側にある太平洋プレートは、日本に向かって毎年約8cmずつ移動し、西側の北米プレートの下に沈み込んでいる。

　太平洋プレートが北米プレートの下に沈み込むと、北米プレートもマントル内部に押し込まれて、少しずつ、陸側のプレートにひずみが生じてくる。プレートがこのひずみに耐えられなくなると、元の位置に戻ろうとして反発する力が働くのである。

　プレート同士が深くなっている部分、つまり沈み込みの境界線が細長くくぼんだ地形をつくる。これが「海溝」と呼ばれる。

　日本列島の太平洋側には「日本海溝」という深さ8000mを超える長大な海溝があるが、こうした海溝やトラフの付近で発生する地震を「海溝型地震」と呼ぶ。

地震にともなって海底地形が急激に変化すると、津波が発生することがある。2011年の東北地方太平洋沖地震（東日本大震災）が典型例である。東日本大震災の場合は、南北に500㎞、東西に200㎞と大きな範囲が「震源断層」となったため、東北から関東圏にかけて、広い範囲で影響を受けたことは記憶に新しい。

過去にもこのタイプの大地震が繰り返し起きており、プレート境界地震はときに大きな被害をもたらすことがある。

● プレート境界型地震

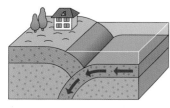

海側のプレートが陸側のプレートの下に潜り込む。

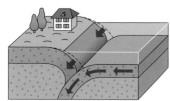

海側のプレートは陸側のプレートの端をいっしょに引きずり込む。

引きずり込みが進んで陸側のプレートが耐えきれなくなると、陸側のプレートはもとに戻ろうとして跳ね返る。このときに発生する揺れが地震。

（国土交通省「防災テキスト」より）

B 海洋プレート内地震

海洋プレートの内部を震源とする地震である。マントル内に沈み込んだ海洋プレートを「スラブ」というが、スラブを震源とする場合には、「スラブ内地震」と呼ばれることもある。

プレート境界付近では、海洋プレート内部で大規模な断層運動が発生することが多い。これも発生場所別に3つに分けられる。

● 海洋プレート内地震

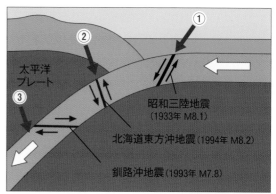

（図版・資料／気象庁）

①沈み込む場所の手前で起きる地震（図①）
　プレートが沈み込む前に、下に曲がる力が働くことによって断層運動が生じ、地震が発生する。
②沈み込んですぐの場所で発生する地震（図②）
　大陸プレートの下に沈み込んだ海洋プレートに、プレート自体の重さで断層運動が生じ、地震が発生するケース。
③沈み込んだ場所の深部で起きる地震（図③）
　プレートがある程度まで地球内部に達すると、それ以上は先に進むことができなくなる。しかし、プレートがなおも動き続けようとすると、それを無理矢理圧縮しようとする力が働き、その反動で地震が発生する。

この3つのうち、①は震源が浅い場所だと大地震につながる可能性が高く、津波を発生させる場合もある。1933年の昭和三陸地震（M：マグニチュード8.1）はこの典型である。地震自体の直接的被害は少なかったものの、発生した津波が甚大な被害をもたらした。

②のタイプである1994年の北海道東方沖地震（地下28㎞）も震源が浅かったため、津波を引き起こした。

③のタイプである1993年の釧路沖地震は、地下101㎞を震源とする地震で、M7.8と、比較的規模が大きかった。

また③は、地中の深いところで起こるので「深発地震」と呼ばれる。

C 内陸地殻内地震

「海洋プレート内地震」は海洋プレート内で発生するが、「内陸地殻内地震」は、大陸プレート内で起きる地震である。プレート運動によって大陸プレート側にひずみが生まれ、日本列島を乗せている陸のプレート中の強度が弱い場所（＝弱線）が断層となって、ずれ動く。この断層運動は、おおむね地下30km以内という浅い地殻内で発生する。このことから「内陸地殻内地震」と呼ばれる。

前述した海溝型地震を含むプレート境界型地震や海洋プレート内地震は、2011年の東北地方太平洋沖地震（東日本大震災・M9.0）の例に見られるように、津波をともなって広範囲に大きな被害をおよぼすことがある。その反面、発生場所は沖合であるため、陸地における揺れで直接的被害をおよぼすことは少ない。したがって震源が「海洋」と特定された場合は、まず津波を警戒することが重要になる。

一方、内陸で発生する地震は、一般的にはM7程度が主であり、海溝型の巨大地震と比べれば、地震の規模はやや小さい。とはいえ、1891年の濃尾地震（M8.0）のような巨大地震も時には発生する。

また、内陸地殻内地震は、人間が生活する場所の直下で発生するため、マグニチュードが小さいといっても激しい揺れをともなうことが多い。地盤の崩壊や建物の破壊につながり、甚大な被害を引き起こす。したがって内陸地殻内地震の恐ろしさは、決して地震の規模だけでは計り知れない部分がある。

1995年の兵庫県南部地震（阪神淡路大震災）や2008年の岩手・宮城内陸地震、2016年の熊本地震は、この典型的な例である。

● 内陸地殻内地震

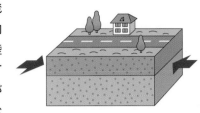

陸のプレートの内部では、海のプレートに押されたり、引っ張られることでひずみがたまっていく。

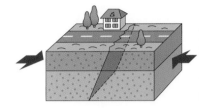

日本列島には各地に「活断層」がある。これは大昔に地震が起こった跡。この部分のプレートは弱く、裂け目が生じる。

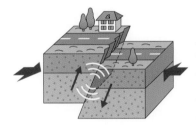

さらに押されたり、引っ張られたりしてひずみがたまってくると、地層やプレートが割れて、上下にずれたり、左右に食い違い（断層）が生じる。このときに地震が発生する。

（国土交通省「防災テキスト」より）

熊本地震で発生した阿蘇大橋周辺（南阿蘇村立野）の土砂崩れ（画像提供／国土地理院）

■日本列島にある活断層という"爆弾"

また地下深部で地震を発生させた断層を「震源断層」、地震時に断層のずれが地表まで到達して地表にずれが生じたものを「地震断層」と呼ぶ。

断層があるということは、過去のプレートの動きで負荷がかかった証拠である。そして特に断層の中でも、「活断層」が横たわっている地域では、常に地震発生の危険性が高い。活断層が多い場所とは、負荷がかかりやすい場所ということだからだ。「活断層」については、後で詳しく説明するが、現在、日本では2000以上もの活断層が見つかっているほか、地下に隠れていて地表に現れていない活断層も、まだ無数に存在する。

■なぜ「南海トラフ地震」が叫ばれるのか

近年、「南海トラフ」という言葉を耳にする。「トラフ」を日本語では「舟状海盆」というが、つまり「海底にある深い溝」のことである。

海洋プレートの沈み込み口のうち、6000m以上の深さのものを「海溝」と呼び、それ以下のものを「トラフ」と呼ぶ。

日本には3つのトラフが存在する。

・南海トラフ（フィリピン海プレートとユーラシアプレートの境界）
・駿河トラフ（南海トラフのうちの北の部分、伊豆半島から南西に延びる）
・相模トラフ（太平洋プレートと北米プレートの境界）

ではこの中でも特に「南海トラフ地震の影響が大きい」といわれる理由は何だろうか？　P24の「日本列島周辺の地震発生予測図」を見ていただければわかるように、南海トラフは駿河湾から九州沖へと連なる長大な距離を持つ。

この地域の各所で、M8を超える巨大な地震が100〜200年のサイクルで発生しているのだ。最後の「昭和南海地震」（1946年）から74年。南海トラフを震源とする地震が、いつ発生しても不思議ではない。「今後30年以内にM8〜9程度の地震の発生確率が70〜80％」とされている。

それだけではない。日本列島には、南海トラフと並行して、地質の境目である「中央構造線」が横たわっている。ここには多数の活断層の存在も確認されている。

南海トラフで発生した地震を発端として、巨大

● 日本周辺のトラフ模式図

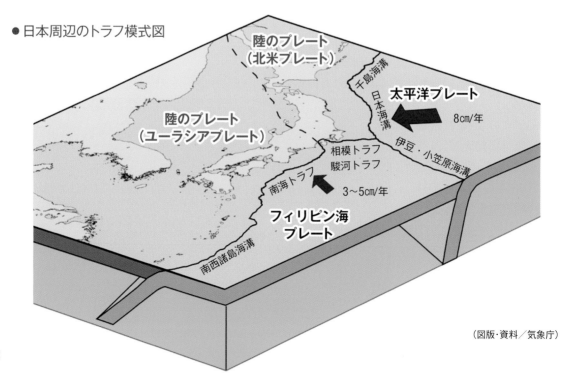

（図版・資料／気象庁）

な地震の連鎖が引き起こされる可能性も否定できない。また、巨大な津波が発生する可能性もある。（P22参照）

■火山大国ならではの「火山性地震」

　これまで、プレート運動を中心に、震源別に地震のタイプを説明してきたが、プレート運動や断層運動以外にも地震の原因となるものがある。それが、火山のマグマの活動によって起こる地震である（P9図内の火山性地震）。

　地球を覆うプレートは何千万、何億年もかけてゆっくりと移動し、海溝でマントルの中に沈み込むが、これによってプレートにしみ込んだ水が、マントルに持ち込まれ、その結果、マントル物質の一部が融けてマグマができる。マグマはマントル物質よりも比重が軽いため、地表に向かって上昇してゆき、これが地表から噴出すると火山ができる。

　火山周辺の地下には、マグマの通り道がある。地下の深いところで発生したマグマは、ここから上昇し、地下2～4kmのところに一度たまる。これが「マグマだまり」である。ここにたまったマグマに対して、ガスなどによる圧力が高まると、マグマは次第に分化していく。同時に、温度も上昇する。特に地上に近いほど、水分が多く含まれており、マグマで熱せられた水分が蒸発して、体積が数千倍に増し、圧力も一気に高まる。

　すると、圧力に耐え切れなくなったマグマの通り道では岩盤が割れて地震が発生する。また、マグマによって圧力が高まった後、マグマが通り過ぎたことで圧力が下がり、押さえつけられていた岩盤が崩れることによっても地震が発生する。

　日本には、噴火する可能性が高い活火山が111もある（P130参照）。これについてはChapter4で、詳しく説明していくことにする。

火山の噴火

● プレートの動きと火山の関係

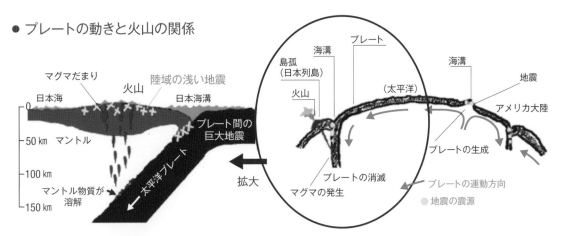

マグマだまり　火山　陸域の浅い地震
日本海　　　　　　　　日本海溝
0
マントル　　　　　　　　　　　プレート間の
−50 km　　　　　　　　　　巨大地震
−100 km　　拡大
マントル物質が　　　　　　太平洋プレート
−150 km　溶解

島弧（日本列島）　海溝　プレート
火山　　　　　　　　　（太平洋）
　　　　　　　　　　　　　　　海溝　地震
　　　　　　　　　　　　　　　アメリカ大陸
プレートの消滅　　　　　　　プレートの生成
マグマの発生　　　　プレートの運動方向
　　　　　　　　　　　地震の震源

　地表の陸のプレートの下に海のプレートが沈み込むと、そこにある水の働きで、上部マントルの一部が融けて上昇し、マグマが形成される（詳細はP127）。
　このマグマはやがて地表に噴出し、プレートの境界（海溝沿いや海嶺）や、内陸のプレート内に分布する形で火山を形成していく。これを「ホットスポット」といい、火山分布の海溝側の境界で火山が密集する線を「火山フロント」と呼ぶ。
　一方、海嶺では、上部マントルから直接マグマが湧き出してプレートが生成されたり、プレート内部を貫いてマントルが湧き上がることもある。地下深部で発生したこのマグマが地表に噴出する現象が「噴火」である。

（図版・資料／気象庁）

2 世界の巨大地震

　地震は、「M7以上を大地震と表現する」と定義されているが、「巨大地震」「超巨大地震」に関しては、厳密に定義づけられているわけではない。一般的にはM8以上のものは「巨大地震」、それ以上のM9程度のものは「超巨大地震」と呼ばれることが多く、世界中の巨大地震の発生場所を見ると、やはりプレート境界に集中することがわかる。ただし、すべてがプレート境界で発生しているわけではなく、ハワイや中国内陸部での地震のように プレート内部で発生するものもある。

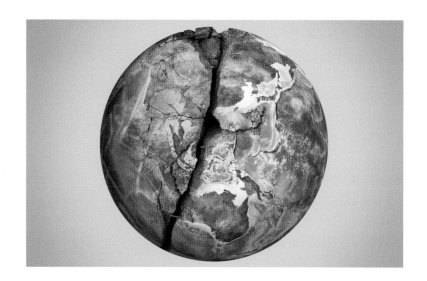

■地震が発生するのはどんな場所？

　右ページの図は、1900年以降に起きたM8以上の地震の震源分布を示したもの。

　震源が帯状に連なっているが、これが「地震帯」と呼ばれる。その地震帯で囲まれた領域が、おおよそ一つのプレートになっている。

　またP16〜17の図は「地震分布」と「プレート境界」を示したもので、矢印は「プレート運動の動き」で、地震発生の大きな要因になる。

　それぞれの線はプレートの境界であるが、ヨーロッパの西側（ユーラシアプレートの上に乗っている）からアフリカ大陸（アフリカプレート）の北側を経て、大西洋から太平洋へと長く続く赤い線が見える。ここは、2枚のプレートがたがいに離れ合うプレート境界であり、海洋プレートが誕生し、

両側へ広がっている部分。浅い地震が発生するが、陸地から遠く離れているので、大きな被害はない。ただし、たがいに遠ざかるプレート境界上にあるアイスランドは活発な火山活動の影響もあり、内陸で何度も地震が発生している。

■プレートの衝突と沈み込み

　問題は、海のプレートが大陸の下へ沈み込む形での地震帯（P16〜17の青い線）である。

　日本をはじめ、環太平洋沿岸で、このタイプの地震が頻発している。南米チリ沖では、観測史上世界最大の1960年チリ地震（M9.5）が発生している。

　地震帯は南米の太平洋沿岸から中米、メキシコまで続き、少し離れてアラスカからアリューシャ

● 世界の震源分布

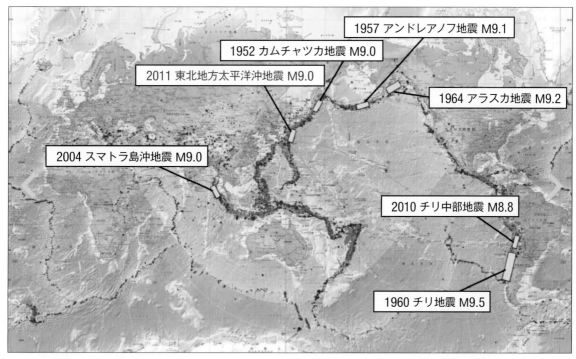

赤い線が地震のプレート境界(次ページ拡大図の緑の線と同じ)。地震発生源(震央)はプレート境界周辺に帯状に集中している
ことがわかる。プレート境界付近では、プレート同士の相対運動によって地震活動や火山活動、地殻変動などの地学的な現象が活
発に起こる。地震は、プレート境界付近の岩盤に大きな力が加わることで発生する。　　　　　　　　　(東京大学地震研究所資料より)

ン列島、カムチャツカ、千島列島、東日本、小笠原、マリアナへと続き、ニューギニアからニュージーランドまで、太平洋を一周している。

　インド洋では、インド・オーストラリアプレート(インドとオーストラリアに分ける場合もある)がインドネシアに向かって北に圧力を加えながら、インドネシアの下へ沈み込んでいる。これが2004年のスマトラ地震(M9.0)の原因となっている。

　ちなみにインドネシアは環太平洋火山帯に上にあるだけでなく、都市の大多数が海抜以下の土地にあって埋め立てをしているという事情も、被害を大きくしている原因である。建物倒壊だけでなく深刻な液状化現象も懸念されている。

　また、フィリピンも地震多発国であり、これは東側からフィリピン海プレートが、西側からユーラシアプレートがフィリピン諸島の下へ滑り込んでいるためである。しかも環太平洋火山帯に位置するため、地震にともなう火山噴火が引き起こされる可能性もある。

■ プレート同士が衝突する「内陸型地震」

　また、プレート同士が衝突している場所でも地震が頻発する(青い線)。

　例えば2015年のネパール地震は、隣り合う大陸プレート同士の衝突の典型である。ネパールは地震以外でも洪水や地滑り、大規模火災などとても災害の多い国であり、インフラや医療体制に未整備な部分が多く、それが被害を一層大きくしているという説もある。

　インド北部からネパールにかけての地域では、ともに大きな大陸を戴くインドプレートとユーラシアプレートがぶつかり合っている。この衝突によってヒマラヤ山脈が生まれ、北側のチベット側に広大な高原が広がったのだ。

　いまもこの大陸同士の衝突がぶつかり合いは続いていて、たまったエネルギーが吐き出された結果、発生したのが、2005年のカシミール地震(M7.7)、2008年の四川地震(M8.0)、2010年の青海地震(M7.0)などである。

■ 世界の地震分布とプレート境界

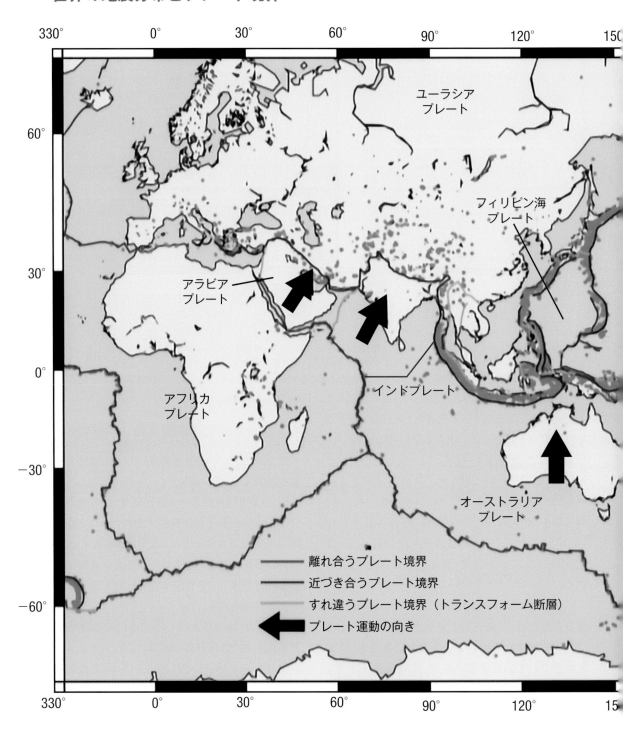

震央（緑色の点）は、USGS（米国地質調査所）の資料をもとに、1998〜2007年、M5以上、震源が100kmより浅い地震を表示（気象庁作成）。
プレート境界は、テキサス大学地球物理学研究所（The PLATES Project）の資料をもとに気象庁が作成。

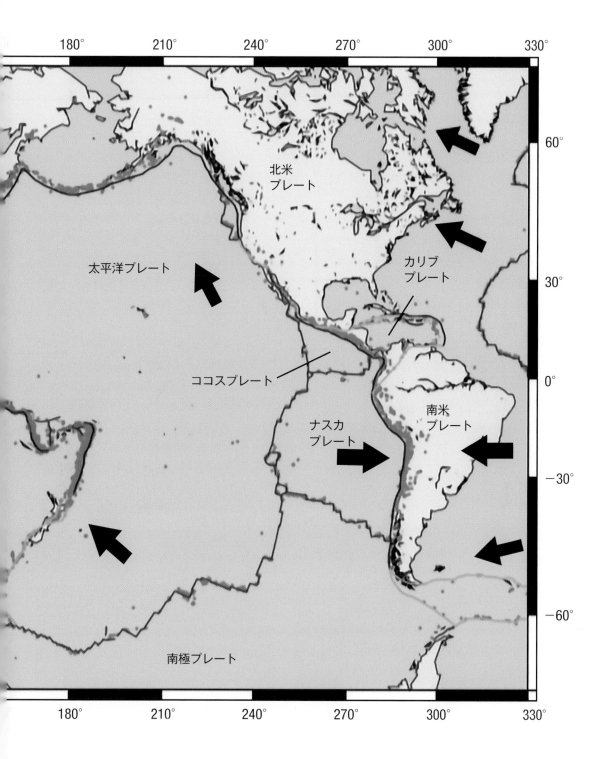

180°　210°　240°　270°　300°　330°

60°

北米
プレート

太平洋プレート

カリブ
プレート

30°

ココスプレート

0°

ナスカ
プレート

南米
プレート

−30°

−60°

南極プレート

180°　210°　240°　270°　300°　330°

インドの西側のパキスタンもインドプレートと
ユーラシアプレートが衝突する地域である。2000
年以降だけでもM6以上の地震が4回も発生し、
2005年にカシミール地方で発生したM7.7の地震
では死者7万3000人以上という大惨事を引き起こ
した。

インドも地震大国であるが、ここは自国内で発
生するというよりも、隣国のネパールやパキスタ
ンを震源とする地震の影響を受けることが多い。
特にインド洋に面している南部沿岸部は、津波の
被害を受けやすい。

中南米も地震の危険性が高い地域である。ココ
スプレート・太平洋プレート・北米プレートという
3つの大きな大陸プレートの上に位置するメキシ
コでは、1985年のメキシコ地震によって、震源
から300km以上離れている首都メキシコシティ
が壊滅的な被害を受けた。

エルサルバドルも「10年に一度は大地震が起
きる国」とされており、2001年にはM7.7とM
6.6という2つの地震が起きた。

南米プレートとナスカプレートの境界線に位置
するエクアドルも地震多発国である。国土の中に
多数の活火山を抱えていて、この点も日本とよく
似ている。

■トランスフォーム断層による地震

地球表面を覆うプレートの相対的運動には、下
図に示すように、「離れ合う」「たがいに近づき合う」
「すれ違う」という3つの形式があり、それぞれ「発
散境界」「収束境界」「横ずれ境界」を形づくる。

そのうち、ある発散境界から別の発散境界へ、
あるいは沈み込み帯のような収束境界から発散境
界へと、プレート境界を「変容」(トランスフォーム)
させる断層を「トランスフォーム断層」と呼ぶ。

例えば、南北に走る海嶺の軸が、ある場所で急
に東西へと走る場合がある。この"すれ違い"を生
じさせている東西に延びる断層が「トランスフォ
ーム断層」である。トランスフォーム断層のうち、
すれ違った海嶺の軸にはさまれた部分では、断層
の両側のプレートが逆向きに運動する形になり、
地震が発生することが多い。

トランスフォーム断層の多くは海底にあるが、
北アメリカ西海岸沿いに1000km以上にわたって
延びるサンアンドレアス断層は、陸上にあるトラ
ンスフォーム断層である。

このトランスフォーム断層を基点に、地震が発
生することがある。1906年のサンフランシスコ
地震(M8.0)は、北米プレートに対して南西側の

● プレートの相対運動

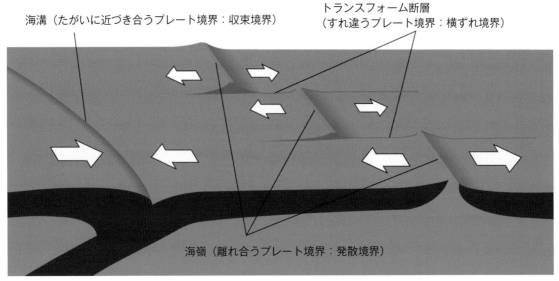

海溝(たがいに近づき合うプレート境界:収束境界)

トランスフォーム断層
(すれ違うプレート境界:横ずれ境界)

海嶺(離れ合うプレート境界:発散境界)

(政府／地震調査研究推進本部資料より)

太平洋プレートが北西へ動き、サンフランシスコに大きな被害をもたらした。カナダのバンクーバー島周辺の太平洋沿岸でも同じようなメカニズムによる地震が起きている。

このほか、北米プレートとカリブプレートが衝突した結果、発生したのが2010年のハイチ地震（M7.3）。カリブプレートが南米プレートに圧力を加えて発生したのが1812年、南米大陸ベネズエラの地震（M6.3）である。

また、1999年のトルコ・イズミット地震（M7.6）では、アナトリア半島の北アナトリア断層が震源断層になった。北アナトリア断層は世界最長のトランスフォーム断層の一つと言われている。ここは1960年代から東から西に向かって順繰りに地震が起きている地域で、「次はイスタンブール南側のマルマラ海ではないか」と予測されている。この地域のエネルギーが解放されていないまま残されているからだ。

2016年の熊本地震では、国宝の熊本城の石垣が崩落し、現在も修理中。

■ヨーロッパの地震事情

ヨーロッパに目を転じてほしい。P16、17の図から、地中海に面するギリシャからバルカン半島、アナトリア半島（トルコ）、アルメニア近辺に地震が多発していることがわかるはずだ。これは南側のアフリカプレートがギリシャ側に沈み込むためである。

ヨーロッパはユーラシアプレートの西部に位置し、南にアフリカプレートが存在する。

この2つのプレートの衝突がアルプス山脈を生み出したが、そのため、アルプス山脈からアフリカ大陸北岸の間で複雑なプレート境界を形成している。その結果、大地震がときどき起こり、大きな被害を出している。

例えば、1908年イタリアのメッシナ地震（M7.1）、1980年アルジェリアのエルアスナム地震（M7.3）、1960年モロッコのアガディル地震（M5.7）などである。

また、この地域から少し外れたジブラルタル海峡西方沖を震源とする1755年のリスボン地震（M8.5）などもある。

大被害をもたらしたネパール地震（2015年）

■世界の大地震ランキング

【規模別】

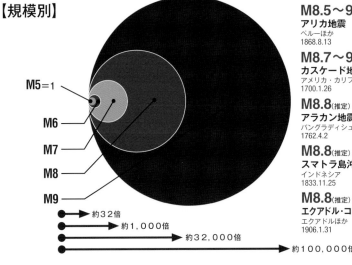

M5＝1
M6
M7
M8
M9

約32倍
約1,000倍
約32,000倍
約100,000倍

M8.5〜9.0（推定）
アリカ地震
ペルーほか
1868.8.13

M8.7〜9.2（推定）
カスケード地震
アメリカ・カリフォルニア州
1700.1.26

M8.8（推定）
アラカン地震
バングラディシュほか
1762.4.2

M8.8（推定）
スマトラ島沖地震
インドネシア
1833.11.25

M8.8（推定）
エクアドル・コロンビア地震
エクアドルほか
1906.1.31

M9.5
チリ地震
チリ・バルディビア
1960.5.22

M9.2
アラスカ地震
アメリカ・アラスカ州
1964.3.27

M9.0
スマトラ島沖地震
インドネシア
2004.12.26

M9.0
東北地方太平洋沖地震（東日本大震災）
日本・東北地方
2011.3.11

M9.0
カムチャツカ地震
ロシア・カムチャツカ半島
1952.11.4

【被害額別】

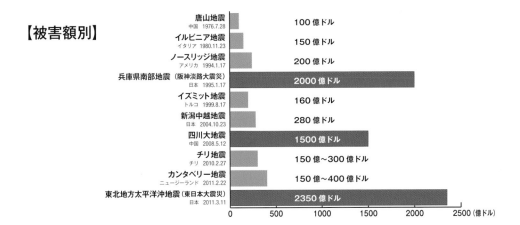

	被害額
唐山地震 中国 1976.7.28	100億ドル
イルビニア地震 イタリア 1980.11.23	150億ドル
ノースリッジ地震 アメリカ 1994.1.17	200億ドル
兵庫県南部地震（阪神淡路大震災） 日本 1995.1.17	2000億ドル
イズミット地震 トルコ 1999.8.17	160億ドル
新潟中越地震 日本 2004.10.23	280億ドル
四川大地震 中国 2008.5.12	1500億ドル
チリ地震 チリ 2010.2.27	150億〜300億ドル
カンタベリー地震 ニュージーランド 2011.2.22	150億〜400億ドル
東北地方太平洋沖地震（東日本大震災） 日本 2011.3.11	2350億ドル

0　　500　　1000　　1500　　2000　　2500（億ドル）

【死者数別】

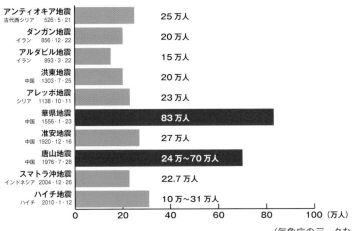

	死者数
アンティオキア地震 古代西シリア 526・5・21	25万人
ダンガン地震 イラン 856・12・22	20万人
アルダビル地震 イラン 893・3・22	15万人
洪東地震 中国 1303・7・25	20万人
アレッポ地震 シリア 1138・10・11	23万人
華県地震 中国 1556・1・23	83万人
准安地震 中国 1920・12・16	27万人
唐山地震 中国 1976・7・28	24万〜70万人
スマトラ沖地震 インドネシア 2004・12・26	22.7万人
ハイチ地震 ハイチ 2010・1・12	10万〜31万人

0　　20　　40　　60　　80　　100（万人）

（気象庁のデータなどをもとに作成）

2011年2月、ニュージーランド・クライストチャーチでM6·1の地震が発生。教会などが大きなダメージを受けた。

がれきの中の生存者の探索活動。

3 南海トラフ地震の恐怖

　阪神淡路大震災以降、文部科学省に地震調査研究推進本部が設置され、この機関では「海溝型地震」の長期評価結果を公表している。
　海溝型地震とは、前に紹介した「プレート境界型地震」の一つで、海洋プレートが大陸プレートの下に潜り込んだ結果として生まれる「海溝」を震源とする地震。特筆すべきは、南海トラフの地震で、M8〜9程度の大規模地震が今後30年で起きる確率が70〜80%と評価されている点だ。

■なぜ南海トラフが"問題"なのか

　プレートは「海洋プレート」と「大陸プレート」に分けられる。海洋プレートと大陸プレートが接する部分が多い日本列島付近には、太平洋側に日本海溝、相模トラフ、駿河トラフ、南海トラフなど、海溝やトラフが多く分布する。

　プレートの沈み込みにともない、その沈む込み口には「海溝」が生まれ、大陸側島弧（弧状列島）が形成されることがある。こうした地質構造を「島弧─海溝系」という。

　改めて説明しておくと、海洋プレートの沈み込み口に形成される細長いくぼんだ地形のうち、6000m以上の深さのものを「海溝」と呼び、それより浅いものを「トラフ」と呼ぶ。トラフとは「細長い盆地」のことで「舟状海盆」ともいう。

　地震調査研究推進本部は、南海トラフ地震、三陸沖から房総沖にかけての地震など、全国の地震が予想される地点について、今後30年以内に地震が発生する可能性をそれぞれ評価しているが、この中で特に要注意とされているのが南海トラフ地震である。

● 南海トラフ地震発生メカニズム

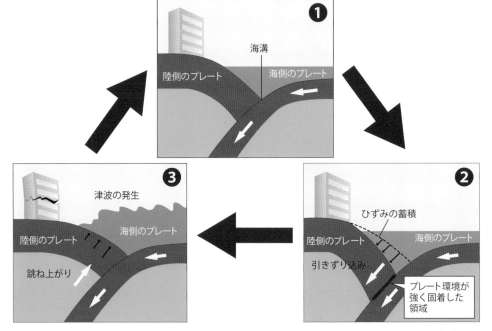

（図版・資料：気象庁）

■ 繰り返し発生する可能性

「南海トラフ」とは、日本列島の南側、駿河湾から遠州灘、熊野灘、紀伊半島の南側海域と、土佐湾を経て日向灘沖までの海底で溝状の地形を形成する区域のこと。フィリピン海プレートとユーラシアプレートが接するこの地域で発生が予想される南海トラフ地震では、次のようなプロセスで大きな被害が生じることが予想されている（P22図参照）。

❶ 海側のプレート（フィリピン海プレート）が陸側のプレート（ユーラシアプレート）の下に、1年あたり数cmの速さで沈み込んでいる。しかもフィリピン海プレートとユーラシアプレート（アムールプレート）は接触面のほぼすべてで、しっかりとくっついて（固着）いて、1年に約3〜5cmずつ日本列島を押すプレートの運動エネルギーは、ほとんどが地震のエネルギーに転嫁すると考えられている。

❷ プレートの動きがどのように地震と関係するのかはすでに述べた通りだが、その際、プレートの境界が強く固着して、陸側のプレートが地下に引きずり込まれ、ひずみが蓄積される。

❸ そして陸側のプレートが引きずり込みに耐えられなくなり、限界に達して跳ね上がる。

この結果、発生する地震が「南海トラフ地震」。❶→❷→❸の状態が繰り返されるため、南海トラフ地震は繰り返し発生する。

地震が起きる間隔は様々だが、過去の事例では短い場合で約90年、長い場合で260年だ。また古文書や断層の掘削調査では約90〜150年の間隔とも言われている。前回の昭和東南海地震（M7.9）は1944年、昭和南海地震（M8.0）は1946年なので、もう70年以上が経過している。いつ発生しても不

● 南海トラフ沿いで過去に起きた大規模地震震源域の時空間分布

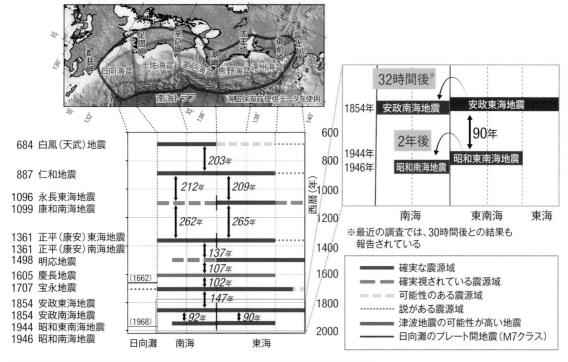

南海トラフ地震は、おおむね90〜150年間隔で繰り返し発生しており、前回の南海トラフ地震（昭和東南海地震・1944年および昭和南海地震・1946年）が発生してから70年以上が経過した現在では、次の南海トラフ地震発生の切迫性が高まってきている。

（政府／地震調査研究推進本部／平成25年5月公表資料に加筆）

● 日本列島周辺の地震発生予測図

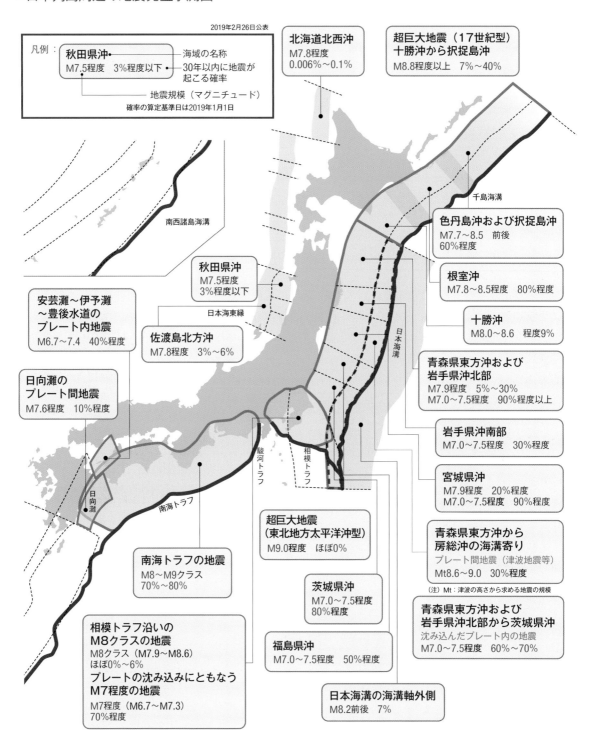

2019年2月26日公表

凡例：
秋田県沖 • ──── 海域の名称
M7.5程度　3%程度以下 ──── 30年以内に地震が起こる確率
└──── 地震規模（マグニチュード）
確率の算定基準日は2019年1月1日

北海道北西沖
M7.8程度
0.006%～0.1%

超巨大地震（17世紀型）
十勝沖から択捉島沖
M8.8程度以上　7%～40%

千島海溝

色丹島沖および択捉島沖
M7.7～8.5　前後
60%程度

根室沖
M7.8～8.5程度　80%程度

十勝沖
M8.0～8.6　程度9%

青森県東方沖および
岩手県沖北部
M7.9程度　5%～30%
M7.0～7.5程度　90%程度以上

岩手県沖南部
M7.0～7.5程度　30%程度

宮城県沖
M7.9程度　20%程度
M7.0～7.5程度　90%程度

青森県東方沖から
房総沖の海溝寄り
プレート間地震（津波地震等）
Mt8.6～9.0　30%程度

（注）Mt：津波の高さから求める地震の規模

青森県東方沖および
岩手県沖北部から茨城県沖
沈み込んだプレート内の地震
M7.0～7.5程度　60%～70%

秋田県沖
M7.5程度
3%程度以下

日本海東縁

佐渡島北方沖
M7.8程度　3%～6%

安芸灘～伊予灘
～豊後水道の
プレート内地震
M6.7～7.4　40%程度

日向灘の
プレート間地震
M7.6程度　10%程度

日向灘

南西諸島海溝

南海トラフ

駿河トラフ

相模トラフ

日本海溝

超巨大地震
（東北地方太平洋沖型）
M9.0程度　ほぼ0%

茨城県沖
M7.0～7.5程度
80%程度

福島県沖
M7.0～7.5程度　50%程度

日本海溝の海溝軸外側
M8.2前後　7%

南海トラフの地震
M8～M9クラス
70%～80%

相模トラフ沿いの
M8クラスの地震
M8クラス（M7.9～M8.6）
ほぼ0%～6%
プレートの沈み込みにともなう
M7程度の地震
M7程度（M6.7～M7.3）
70%程度

（政府／地震調査研究推進本部資料より）

思議ではない。

　しかも前回のこの2つは昭和東南海地震がM7.9、昭和南海地震がM8.0と、南海トラフ地震としてはやや小さい。近年で最も大きい1707年の宝永地震はM8.9程度と推定されるので、それと比べると、昭和東南海地震、昭和南海地震のエネルギーは約32分の1ということになる。M（マグニチュード）は地震の規模を表すものだが、Mが1増えると、そのエネルギーは約32倍になるからだ。

　つまり前回の2つの地震では南海トラフのエネルギーが完全に放出され切れておらず、次の地震に向かって"ひずみ"のエネルギーをためている可能性があるということである。

　また、過去の南海トラフ地震発生事例からは、発生過程にバリエーションがあることがわかる。

　1707年の宝永地震では、駿河湾から四国沖の広い領域で同時に地震が発生している。一方、1854年安政東海地震では、その32時間後に安政南海地震が発生し、1944年の昭和東南海地震のときは、その2年後に昭和南海地震が発生した。このように、時間差にも幅があることが知られている。

　しかも、その後の研究により、地震が起こるたびに震源域は少しずつ異なることがわかった。例えば、同じ南海沖の地震でも1854年安政南海地震は南海沖全域が震源域となったのに対して、1946年昭和南海地震の場合、西側4分の1は震源域ではなかったと推定されている。

　また、1707年の宝永地震は、南海トラフ全域の断層をほぼ同時に破壊した、日本最大級の地震とされているが、最近の研究で、この宝永地震と同様の津波堆積物を残す規模の地震痕跡は300〜600年間隔で見出されることや、さらに宝永地震よりも巨大な津波をもたらした地震が約2000年前に起きた可能性があることもわかってきた。

　これは昭和南海地震のような単純なプレート間地震ではなく、スプレー断層（主な断層から分かれて存在する細かな分岐断層）からの滑りをともなっていたからだと考えられている。事実、南海トラフ沿いには過去に生じたと考えられるスプレー断層が数多く確認されている。

■周期性と連動性が大きな特徴

短い周期の地震動　　　　長周期地震動

高層ビルは、短い周期の揺れは、「柳に風」のように、揺れを逃がすよう柔らかくできているが、長い周期の揺れ（長中期振動）があると共振し、大きく・長く揺れることがある。（気象庁資料より）

　震源域が広いと顕著になる長周期地震動の発生も予想され、震源域に近い平野部の大都市（大阪や名古屋など）では高層ビルやオイルタンクなどに被害がおよぶ危険性が指摘されている。

　「周期」とは、揺れが1往復するのにかかる時間のこと。南海トラフ地震のような規模の大きい地震が発生すると、周期の長いゆっくりとした大きな揺れ（地震動）が生じる。このような地震動のことを「長周期地震動」という。建物には固有の揺れやすい周期があり、地震波の周期と建物の固有周期が一致すると、建物が大きく揺れる。また「長周期地震動」では、地震発生場所から数百km離れていても大きく揺れ、遠くまで伝わりやすいという性質がある。

　複数のプレート間地震（海溝型地震）、あるいは大陸プレート内地震（活断層型地震）が連動して発生する連動型地震のように、震源域が最大になれば破壊が伝わる時間も長くなり、そこからまた別の断層が生ずるなど長い破壊時間をもつ多重地震となり、また本震後に活発な余震も発生する。

　このように南海トラフにおける海溝型地震は、一定の間隔で起こる「周期性」と、同時に起こる「連動性」が大きな特徴となっている。

　さらに、南海トラフは約2000万年前の比較的若いプレートが沈み込んでおり、薄くかつ温度も高いため低角で沈み込み、プレート境界の固着も起こりやすく、震源域が陸地に近いので被害も大きくなりやすいのである。

今後30年間で 70～80%の確率!?

南海トラフ巨大地震への懸念が浮上したことを受けて、政府は中央防災会議に「南海トラフ巨大地震対策検討ワーキンググループ」を設けて対策検討を進めた。同ワーキンググループは2012年7月にまとめた中間報告で、南海トラフで想定される最大クラスの巨大地震を「東日本大震災を超える巨大災害の可能性もある」としている。

■南海トラフ地震の「被害像」

駿河湾から日向灘沖にかけての南海トラフでは、プレート境界を震源域として過去には90～150年のスパンで大規模地震が繰り返されている。前回の大地震からすでに70年以上が経過している現在、次の南海トラフ地震の発生が危惧されている。

政府の地震調査研究推進本部はこれを受けて、①今後10年以内に地震発生の確率を30%程度、②今後30年間では70～80%の確率、③M8～9クラスの巨大地震の可能性。

という想定を発表した。これは高知県室津港の歴代南海地震（宝永・安政・昭和）における隆起量と、発生間隔との関係に基づく時間予測モデルをもとに計算した結果である。

さて、南海トラフ地震で被害をおよぼす直接的な原因に津波がある。2012年1月、東京大学と海洋開発研究機構の研究グループは、紀伊半島沖の東南海と南海の震源域にまたがる長さ200km以上、高さ500m～1kmの分岐断層（断層から枝分かれした断層）を発見したと発表した。

これらは1944年の昭和東南海地震や1946年の昭和南海地震によって生じたもので、津波を発生させた原因となったと考えられている。この巨大分岐断層が海底に達している場所は、南海トラフから約30km陸側に位置しており、その場所より陸側（北側）で津波が発生すると同時に、津波を発生させる変動は南海トラフまで達する可能性が高いとされている。

仮に、東海地震、東南海地震、南海地震の3つの地震が、数分から数十分の時間差を置いて連動発生した場合、波の高さが重なり合って土佐湾西部と東海沿岸のいくつかの地点に、10m近い高さの津波が達するものとシミュレーションされている。特に浜岡原発にも近い静岡県・御前崎付近では同時発生のときに比べて、海上波高が2倍以上となり、11mに達する可能性があるという計算結果が出ている。

●南海トラフの想定震源域周辺における過去 M7.0 以上の地震発生状況

発生日	震央地名（地震名称）	マグニチュード	被害	該当ケース
1931/11/2	日向灘	7.3	死者1、負傷者29	一部割れ
1941/11/19	日向灘	7.6	死者2、負傷者18	一部割れ
1944/12/7	昭和東南海地震	7.9	死者1,223、負傷者2,864	半割れ
1946/12/21	昭和南海地震	8.0	死者1,362、負傷者2,632	半割れ
1948/4/18	昭和南海地震（余震）	7.4	被害なし	一部割れ
1961/2/27	日向灘	7.5	死者2、負傷者7	一部割れ
1968/4/1	日向灘	7.7	死者7、負傷者50	一部割れ
2004/9/5 19:07	三重県南海沖	7.3	負傷者6	一部割れ
2004/9/5 23:57	三重県南海沖	7.5	負傷者36	一部割れ

（該当ケースについては
P28～で説明）

● 南海トラフにおける過去の地震発生（震央分布図）　（1923年1月1日〜2018年9月30日／深さ0〜80km、M6.0以上）

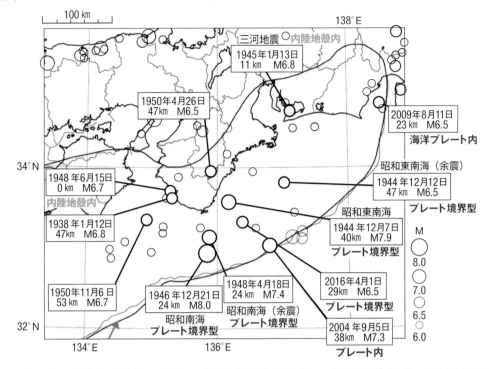

100 km

138°E

三河地震　○内陸地殻内
1945年1月13日
11 km　M6.8

1950年4月26日
47km　M6.5

2009年8月11日
23 km　M6.5
海洋プレート内

昭和東南海（余震）
1944 年12月12日
47 km　M6.5
プレート境界型

34°N

1948年6月15日
0 km　M6.7
内陸地殻内

1938年1月12日
47km　M6.8

昭和東南海
1944 年12月7日
40km　M7.9
プレート境界型

M
8.0
7.0
6.5
6.0

1950年11月6日
53 km　M6.7

1946 年12月21日
24 km　M8.0
昭和南海
プレート境界型

1948年4月18日
24 km　M7.4
昭和南海（余震）
プレート境界型

2016年4月1日
29km　M6.5
プレート境界型

2004 年9月5日
38km　M7.3
プレート内

32°N

134°E　　　　136°E

発生場所が地震調査研究推進本部の評価等により明確である場合は「プレート境界」「地殻内」「プレート内」としている。
昭和東南海地震、昭和南海地震については、地震の破壊開始位置を示す。

（政府／地震調査研究推進本部資料より）

● 近年の大地震と南海トラフ地震の想定震源域

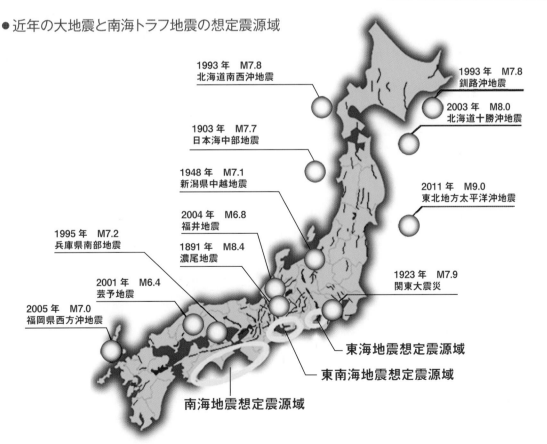

1993 年　M7.8
北海道南西沖地震

1993 年　M7.8
釧路沖地震

1903 年　M7.7
日本海中部地震

2003 年　M8.0
北海道十勝沖地震

1948 年　M7.1
新潟県中越地震

2004 年　M6.8
福井地震

2011 年　M9.0
東北地方太平洋沖地震

1995 年　M7.2
兵庫県南部地震

1891 年　M8.4
濃尾地震

2001 年　M6.4
芸予地震

1923 年　M7.9
関東大震災

2005 年　M7.0
福岡県西方沖地震

東海地震想定震源域

東南海地震想定震源域

南海地震想定震源域

■「３つの異常現象」への対応

2019年9月、政府の中央防災会議は「南海トラフ地震対策の報告書案」を提示した。ここでは大地震につながる可能性がある異常現象について、「半割れ」「一部割れ」「ゆっくり滑り」の3ケースに整理した。

☆**半割れ**

南海トラフの想定震源域のうち、東西に長い震源域の片側で地震が発生するケース。震源域の東西のいずれかで、M8クラスの地震を観測する。半分だけ破壊されているので、南海トラフ沿いに、大きな被害が出ている地域と、まだ被害が出ていない地域がある。

該当する過去事例では、昭和東南海地震や南海地震があり、発生頻度は90～150年に1回。大きな被害が予想され、全域で避難が必要となる。

また、「半割れ」の場合は、残る反対側地域でも、新たな巨大地震が誘発される可能性があり、まだ被害が出ていない地域でも、特に津波到達範囲が早い地域（新たな地震発生から30分以内に30cm以上の津波が予想される沿岸部）の住民は、速やかな避難と、引き続き1週間ほどの避難が必要。

☆**一部割れ**

想定震源域付近でM7クラスの地震が起き、震源域のうち狭い領域だけが破壊される。被害発生地域は南海トラフ全体のうち、限られた範囲。発生頻度は15年に1回程度。ただし世界の地震データ統計的分析によれば、数百回に1回程度の頻度で、隣接領域に大規模地震が発生する可能性があるので"自主避難"が必要となる。

☆**ゆっくり滑り**

まだ地震は発生していないが、震源域に異常な現象を確認した状態。今後地震が起こる可能性があるため"備えの再確認"をすること。

いずれにせよ、M8クラスの地震が発生した場合、その隣の領域で同じようなクラスの地震が起こる可能性が高いのは3日～1週間。それを過ぎると、徐々に可能性が低くなっていくので、そのために1週間の避難を呼びかけている。

また、南海トラフ地震は津波の被害が懸念されているが、「半割れケース」で、地震発生から津波発生まで、30分で30cm以上が予想されている地域は1都13県139市町村である。P29の図を参照していただきたい。

●「半割れ」「一部割れ」「ゆっくり滑り」の３つのケース

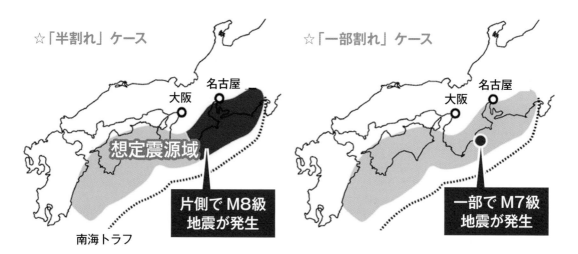

☆「ゆっくり滑り」ケース

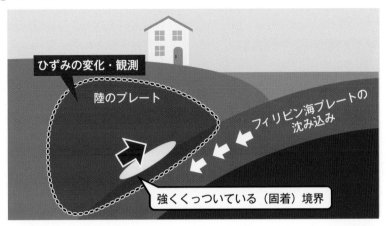

●「半割れ」ケースで想定される地震動・津波の状況

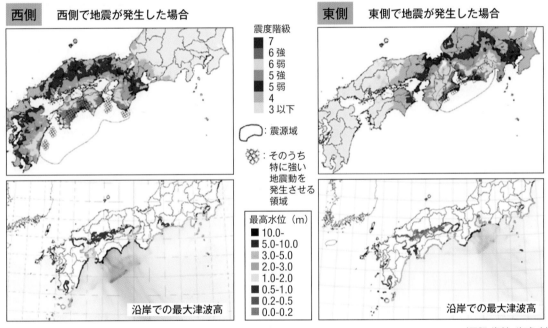

（図版・資料／気象庁）

■想定される南海トラフ地震の規模

　政府の中央防災会議が想定する「南海トラフ巨大地震での震度分布と津波高の推計結果」では、南海トラフ地震がひとたび発生すると、広範囲で非常に強い揺れと高い津波が発生し、沿岸地域および内陸部で甚大な被害が発生すると想定されている。M8〜9クラスの地震が発生すれば、死者は最大30万人に達するという試算もある。

　過去、南海トラフ地震が何度も起きているが、1707年の宝永地震では、駿河湾から四国沖にかけての広い範囲で同時に地震が発生し、近隣する地域でも地震が起きている。1854年に発生した安政東海地震では、約32時間後に安政南海地震が起きている。また直近の1944年に起きた昭和東南海地震では、約2年後に昭和南海地震が起きている。

　こうした例を受けて、政府の中央防災会議は、「ひとたび地震活動が始まると一度で終わるとは限らない」と指摘している。

■南海トラフ地震による被害想定額

● 南海トラフ地震の想定震源域および
　海軸外側 50㎞までの範囲

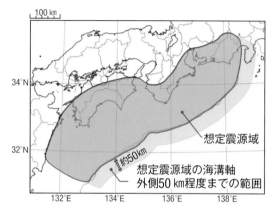

言うまでもなく、断続的な地震は超広域にわたる巨大な津波、強い揺れをもたらす。それにともない、西日本を中心に東日本大震災を超える甚大な人的・物的被害が発生する可能性がある。

政府は「国民生活・経済活動に極めて深刻な影響が生じる巨大災害」と想定し、土木学会も2018年6月7日、発生後20年間の被害総額が最大1410兆円に達する可能性があるとの推計を発表した。このように地震が一挙に起きた場合、また安政地震のように短い間隔で起きた場合は、太平洋ベルト（茨城県から大分県までの太平洋沿岸地域）全域に地震動による被害がおよび、地域相互の救援・支援は実質不可能になると見られている。そこで

政府や地方自治体は連動型地震を視野に入れた災害を念頭に対策を講じている。2010年の防災の日には初めて、この3地震の連動発生を想定した訓練が実施されている。

■地震関連の情報提供システムは？

南海トラフ地震の発生メカニズムが非常に複雑であるとはいえ、現在の科学的見地を防災に生かすことができれば被害を軽減することができる。そうした観点から、プレート境界の変化をつぶさに観察して、地殻変動などの現象から地震の予兆をとらえることができれば、どの程度地震発生の可能性が高まっているかを判定することができると考えられている。

そのため、気象庁は関係機関の協力を通じて、南海トラフ地震に関連する地域の地殻変動の観測データを収集し、24時間体制で監視している。

こうした観測結果や分析結果に関しては、2017年11月1日から、「南海トラフ地震に関連する情報」として公表している。さらに2019年3月に内閣府が公表した「南海トラフ地震の多様な発生形態に備えた防災対応ガイドライン（第1版）」を踏まえて、今後、気象庁ではこれらの現象の観測結果や分析結果について、「南海トラフ地震臨時情報」および「南海トラフ地震関連解説情報」として発表することになっている。（https://www.data.jma.go.jp/svd/eew/data/nteq/index.html）

● 各ケースでの防災対応の考え方

（内閣府資料より）

	「半割れ」ケース	「一部割れ」ケース	「ゆっくり滑り」ケース
状況	南海トラフの震源域の半分が割れ、半分が残る	南海トラフの震源付近でM7クラスの地震が起きる	ひずみ計で有意な変化が観測される
南海トラフでの観測事例	90〜150年程度に1回	15年程度に1回	なし
避難の推奨	危険地域の住民や要配慮者には避難呼びかけ	必要なら自主避難	備えの再確認

● 地震発生後の対応の流れ

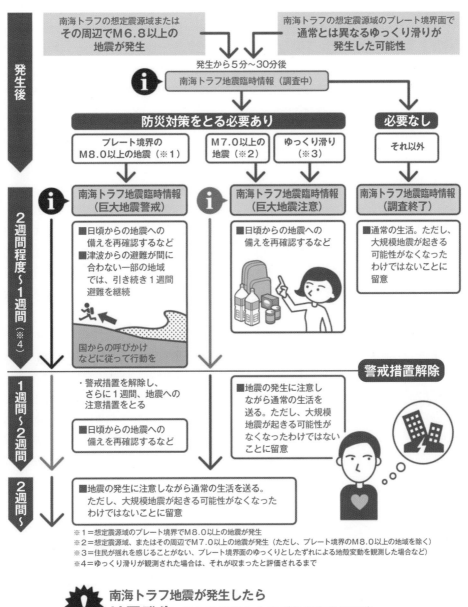

南海トラフの想定震源域または
その周辺でM6.8以上の
地震が発生

南海トラフの想定震源域のプレート境界面で
通常とは異なるゆっくり滑りが
発生した可能性

発生後

発生から5分〜30分後

ⓘ 南海トラフ地震臨時情報（調査中）

防災対策をとる必要あり ／ **必要なし**

| プレート境界の M8.0以上の地震（※1） | M7.0以上の 地震（※2） | ゆっくり滑り （※3） | それ以外 |

2週間程度〜1週間（※4）

ⓘ 南海トラフ地震臨時情報
（巨大地震警戒）

■日頃からの地震への
備えを再確認するなど
■津波からの避難が間に
合わない一部の地域
では、引き続き1週間
避難を継続

国からの呼びかけ
などに従って行動を

ⓘ 南海トラフ地震臨時情報
（巨大地震注意）

■日頃からの地震への
備えを再確認するなど

南海トラフ地震臨時情報
（調査終了）

■通常の生活。ただし、
大規模地震が起きる
可能性がなくなった
わけではないことに
留意

1週間〜2週間

・警戒措置を解除し、
さらに1週間、地震への
注意措置をとる

■日頃からの地震への
備えを再確認するなど

警戒措置解除

■地震の発生に注意し
ながら通常の生活を
送る。ただし、大規模
地震が起きる可能性が
なくなったわけではない
ことに留意

2週間〜

■地震の発生に注意しながら通常の生活を送る。
ただし、大規模地震が起きる可能性がなくなった
わけではないことに留意

※1＝想定震源域のプレート境界でM8.0以上の地震が発生
※2＝想定震源域、またはその周辺でM7.0以上の地震が発生（ただし、プレート境界のM8.0以上の地域を除く）
※3＝住民が揺れを感じることがない、プレート境界面のゆっくりとしたずれによる地殻変動を観測した場合など）
※4＝ゆっくり滑りが観測された場合は、それが収まったと評価されるまで

！ 南海トラフ地震が発生したら
地震発生 揺れを感じたらまず身を守る行動を

家庭で 頭を保護して机の
下など、頑丈な
場所に隠れる

屋外で ブロック塀や電柱、
自動販売機など、
倒れる危険性のある
場所から離れる

沿岸部で 津波の発生・襲来に
備えて、安全な
場所に避難する

（内閣府資料より）

5 東北地方太平洋沖地震発生確率見直し

東日本大震災をもたらした東北地方太平洋沖地震。政府の地震調査研究推進本部は2019年2月、青森県東方沖から千葉県房総半島沖にかけての日本海溝沿いで、今後30年以内に地震が発生する確率を新たに発表した。震災後、8年間の海底での地殻変動の観測や過去の津波堆積物の研究成果を元に見直したものだ。

■依然として注意が必要

結論から言えば、東日本大震災をもたらした地震と同じM9程度の超巨大地震が今後30年以内に起きる確率は、前回評価から変わらず、ほぼ0％とされた。しかし、M7〜8弱の地震について同確率を3段階にランクづけすると、青森県沖から茨城県沖の大半の区域が最も高いⅢ（26％以上）に分類された。

今回の「地震発生の可能性」は、青森県沖から茨城県沖にかけての地域を5分割した上で、3つに分類している。

・ランクⅢ：高い可能性。30年以内にM7クラスの地震が発生する確率26％以上。
・ランクⅡ：やや高い可能性。同3％〜26％未満。

・ランクⅠ：同確率3％未満。

また、東日本大震災のように、岩手県沖南部から茨城県沖まで、複数の地域が連動して発生するM9クラスの超巨大な地震は、直近の発生から8年しか経過していないため、確率はほぼ0％となっている。地震が発生する間隔が約550〜600年と推定されたことから、「当面、心配はない」と判断した模様である。

とはいえ、大きな揺れがなくても津波が発生する明治三陸地震（1896年）のような「津波地震」の規模は最大でM9、確率は30％とされている。

その一方で、大震災より小さなM7〜8クラスの地震では、発生確率が高まった地域もある。

M7級の地震は「青森県東方沖および岩手県沖北部」で90％以上、「宮城県沖」は90％など、広い

● 日本海溝沿い地域・今後30年以内の地震発生確率

評価対象	区域	確率	前回評価（11年11月）
東日本大震災型超巨大地震（M9.0 程度）	岩手県沖南部から茨城県沖	Ⅰ ほぼ0％	
プレート間巨大地震（M7.9 程度）	青森県東方沖と岩手県沖北部	Ⅱ、Ⅲ 5〜30％	
	宮城県沖	Ⅲ 20％ 程度	ほぼ0％
一回り小さいプレート間地震（M7〜7.5 程度）	青森県東方沖と岩手県沖北部	Ⅲ 90％ 程度以上	90％ 程度
	岩手県沖南部	Ⅲ 30％ 程度	－－－－
	宮城県沖	Ⅲ 90％ 程度	－－－－
	陸寄り（M7.4 程度）	Ⅲ 50％ 程度	－－－－
	福島県沖	Ⅲ 50％ 程度	10％ 程度
	茨城県沖	Ⅲ 80％ 程度	90％ 程度以上
海溝寄りのプレート間地震（Mt8.6-9）	全域	Ⅲ 30％ 程度	
沈み込んだ海側プレート内の地震（M7〜7.5 程度）	青森県東方沖から茨城県沖	Ⅲ 60〜70％	－－－－
海溝軸外側の地震（M8.2 程度）		Ⅱ 7％	4〜7％

（Mtは津波マグニチュード）

範囲で高い値になっている。

　ただし「宮城県沖」でも、陸の近くで起こる地震は50％となっている。この領域は、前回は「不明」とされていたが、各種の観測結果から、次の地震発生サイクルに入ったと判断したようだ。

　この「ランクづけ」は今回から導入され、区域やM（マグニチュード）別の計12パターンの地震のうち、2011年の前回評価から確率が上がった主な地震は2パターンある。

　宮城県沖の巨大地震（M7.9クラス）は、前回は大震災直後のためほぼ0％（ランクⅠ）とされたが、超巨大地震後に周辺で巨大地震が誘発される可能性などを考慮し、20％程度（ランクⅡ）に引き上げ

られた。

　また福島県沖の一回り小さい地震（M7〜7.5クラス）は、10％程度（ランクⅡ）から50％程度（ランクⅢ）とされた。

　宮城県沖でM7クラスの地震が発生する確率は90％で、東日本大震災より規模は小さいかもしれないが、「引き続きM8程度までの地震が起きる可能性は依然として高い。強い揺れや津波がまた襲ってくることに十分注意」としている。

　また、M7クラスの地震の場合、津波は過去に観測されたデータでは、高さ数十cm程度が多い。M9クラス（10m超）や、M8クラス（数m）に比べると小さいが、波打ち際ではさらわれる危険がある。

● 日本海溝沿いで起きる地震の新想定

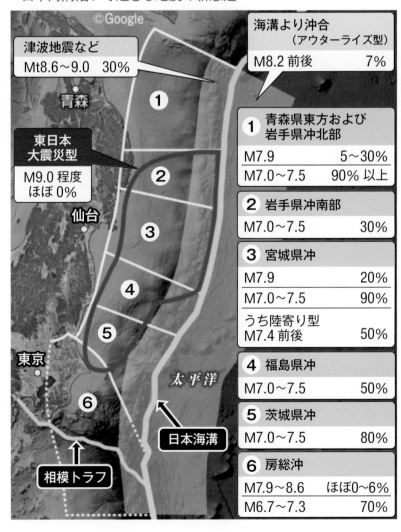

海溝より沖合（アウターライズ型）	
M8.2 前後	7％

津波地震など	
Mt8.6〜9.0	30％

東日本大震災型	
M9.0 程度	ほぼ 0％

① 青森県東方および岩手県沖北部	
M7.9	5〜30％
M7.0〜7.5	90％ 以上

② 岩手県沖南部	
M7.0〜7.5	30％

③ 宮城県沖	
M7.9	20％
M7.0〜7.5	90％
うち陸寄り型 M7.4 前後	50％

④ 福島県沖	
M7.0〜7.5	50％

⑤ 茨城県沖	
M7.0〜7.5	80％

⑥ 房総沖	
M7.9〜8.6	ほぼ0〜6％
M6.7〜7.3	70％

（％は今後30年以内の発生確率）
（政府／地震調査研究推進本部資料より）

6 首都圏直下型地震はいつ発生するのか？

懸念されるのは「南海トラフ地震」や「東北地方太平洋沖地震」だけではない。「2011年の東日本大震災以来、地震や災害が増えている」と指摘する専門家も多く、「特に首都圏直下型地震には、ますます警戒が必要になる」という声も根強い。いま日本列島の地下で、確実に異変が起きつつあるようだ。

■「首都圏直下型地震」とは

首都圏直下型地震は別名「南関東直下地震」とも呼ばれ、関東南部（神奈川県、東京都、千葉県、埼玉県と茨城県南部）で繰り返し発生するM7クラスの巨大地震の総称。都市直下型地震の一つとして、発生した場合の大規模災害が予想されている。

首都圏直下型地震は、東海地震などのように、断層に沿って繰り返し発生するものではなく、南関東の直下を震源とする大地震をまとめて指す呼び方。これは南関東の地下構造が複雑なため、過去の被害地震の発生様式が特定されていない点や、防災の観点から、複数の直下地震をまとめて呼んだほうがわかりやすいからである。

また、首都圏直下型地震とは別に、相模トラフを震源とするM8クラスの海溝型地震の危険性も取りざたされている。

相模湾では、フィリピン海プレートが陸の北米プレートの下に沈み込んでいて、海底の谷状地形が続くプレート境界「相模トラフ」を形成している。1923年の大正関東地震（関東大震災）はここが震源。これに対し、相模トラフの北側も含む関東地方南部の地域を震源域として、ひとまわり規模が小さいM7前後の地震が、数十年に一度程度の割合で発生している。

P37の表の中では、1855年の安政江戸地震、1894年の明治東京地震などが首都圏直下型地震の代表的なものである。地震のタイプとしては、内陸で発生する直下型地震に限らず、海溝型のプレート境界型地震も考えられる。

● 首都圏の地下は地震の巣

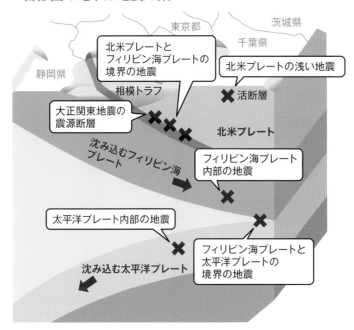

首都圏では地下で3つのプレートが重なって存在するため、地震が多発する。一番上には北米プレートがあり、その下にフィリピン海プレートが相模トラフから北方に沈み込み、さらにその下では太平洋プレートが西方に沈み込む。また、プレート内部でも破壊が発生するので、プレート境界地震だけでなく、プレート内地震も多発する。こんな形で首都圏は"地震の巣"になっている。

（図版・資料／気象庁）

● 首都圏直下型地震の各地域の想定震度

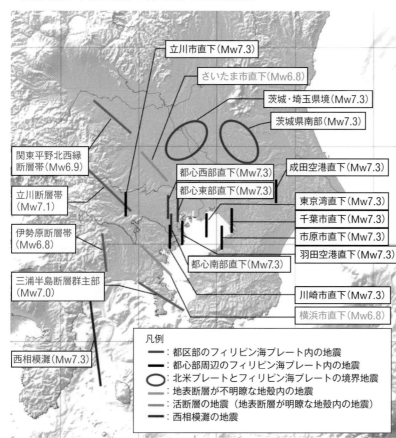

立川市直下（Mw7.3）

さいたま市直下（Mw6.8）

茨城・埼玉県境（Mw7.3）

茨城県南部（Mw7.3）

関東平野北西縁
断層帯（Mw6.9）

立川断層帯
（Mw7.1）

伊勢原断層帯
（Mw6.8）

三浦半島断層群主部
（Mw7.0）

西相模灘（Mw7.3）

都心西部直下（Mw7.3）

都心東部直下（Mw7.3）

成田空港直下（Mw7.3）

東京湾直下（Mw7.3）

千葉市直下（Mw7.3）

市原市直下（Mw7.3）

羽田空港直下（Mw7.3）

都心南部直下（Mw7.3）

川崎市直下（Mw7.3）

横浜市直下（Mw6.8）

凡例
――：都区部のフィリピン海プレート内の地震
――：都心部周辺のフィリピン海プレート内の地震
◯：北米プレートとフィリピン海プレートの境界地震
――：地表断層が不明瞭な地殻内の地震
――：活断層の地震（地表断層が明瞭な地殻内の地震）
――：西相模灘の地震

※Ｍw：モーメントマグニチュード。地震の大きさを表すマグニチュード（M）の一種。Mは地震の震源の規模を示すスケールだが、従来のMは地震波の振幅をもとにした尺度で、断層の規模との関係があいまいだった。このMwは、断層の面積と断層面でのずれの大きさを反映した物理的スケールで、これまでに観測された最大のMwは1960年のチリ地震のMw9.5（P109参照）。

（政府／地震調査研究推進本部資料より）

● 三重会合点

北米・太平洋・フィリピン海の3枚のプレート境界が交わる三重会合点。地震はプレート境界で多発することが知られている。
（画像提供：産業総合技術研究所活断層研究センター、ウェブサイトによる。2008年。図の地形は鉛直方向に約4倍誇張されている）

■「南関東で発生」の高いリスク

　首都圏直下型地震が発生した場合は、甚大な被害が予想される。直接的被害だけでなく、間接的被害も長期間、全世界におよぶとされている。

　世界最大の再保険会社・ミュンヘン再保険が2002年に発表した「大規模地震が起きた場合の経済的影響度を含めた世界主要都市の自然災害の危険度ランキング」では、東京・横浜が710ポイントと断然の1位だった。2位のサンフランシスコは167ポイントなので、いかにこの地域の危険性が高いかがわかる。政府の予測では、最悪の場合、死者は約2万3000人、経済的被害は約95兆円とされている。しかもいま「2011年の東日本大震災の地殻変動が関東地方にもおよび、発生確率が高まった」とする意見もあり、こうした背景もあって、2012年には新たに最大震度7を含む想定震度分布が発表された。

　実は首都近郊での大地震発生の可能性はかねてから注目されている。大正期、今村明恒という地震学者は1891年の濃尾地震の地震記録から関東地方の地震の周期性を見出し、「50年以内に東京で大地震が発生する」という趣旨の雑誌寄稿をした。しかし「不安を煽るもの」として批判を浴び、やがて人々の記憶から消し去られてしまった。しかしそのすぐ後、1921年、1922年と、南関東でM7級の中規模地震が多発し、1923年の大正関東地震（関東大震災 M7.9）が甚大な被害をもたらしたことは周知の事実である。

　こうした経緯を経て、1980年代から再び「南関東が地震活動期にある」という説が盛んになっているが、いまのところ賛否両論というところだ。

■すでに「活動期」に入った？

　房総半島沖には、地表を覆う大陸プレート（北米プレート）の下に南からフィリピン海プレートが沈み込み、さらにその下に東から海洋プレート（太平洋プレート）が沈み込むという複雑な構造になっている（P35下図）。これらが交わる点を「三重会合点（さんじゅうかいごうてん）」と呼ぶが、通常は大陸プレートの下に1つの海洋プレートが沈み込むのが普通である。しかしここでは太平洋プレートに加えて、フィリピン海プレートも無理やり沈み込んでいる。これらの複雑な動きによって蓄えられた膨大なエネルギーがいつ解放されるか、予断を許さない。

　しかもプレートが複雑に絡み合っているため、南関東地下のプレートの様子は詳細には解明されてはいない。地震波速度や重力異常、高感度地震計などによる測定で推定されているが、プレートの深さも複数の説が主張されている状況である。

　とはいえ、徐々に解明の動きは進んでいて、2005年の千葉県北西部地震（震源の深さ73km、M6.0、最大震度5強）は、1894年の明治東京地震と同じ、太平洋プレートとフィリピン海プレートの境界領域で発生した可能性が指摘されている。

　実は過去に日本の関東地方で起こった地震を時間軸ごとに眺めると、その地域での最大規模（M8.0前後）の大正関東地震が発生する前後の数年間～数十年間にわたって「地震の活動期」が見られることがわかる。反対に相対的に地震の少ない時期（静穏期）もわかる（P37表赤囲み枠内参照）。

　1923年の大正関東地震の前の数十年間には、関東地方南部に被害をもたらす大地震が相次いで発生し、地震が増えていると認識が震災前からあったことが指摘されている。

　そして最近では、南関東で周期的に発生する地震には2種類あるのというのが定説になりつつある。
①70～80年に1回発生するM7クラスの海洋プレート内（直下型）地震。例えば南関東直下地震。
②約200年に1回発生するM8クラスのプレート間プレート境界型（海溝型）地震。これは大正関東地震（関東大震災）。

　そして、南関東の地震活動は②の「約200年間隔の地震」に合わせて変化しているという説が有力で、前回の活動期は関東大震災前の数十年間で、現在までの数十年間は静穏期ではないかとされている。

　その一方で、現在すでに活動期に入りつつあるとする考え方もある。1980年の伊豆半島東方沖地震、1987年の千葉県東方沖地震、2005年の千葉県北東部地震や千葉県北西部地震など、中規模の地震の発生が増えていることがその説の背景にあ

る。また、1703年の元禄関東地震（M8.2）に比べて1923年の大正関東地震（M7.9）は規模が小さく、エネルギーの解放が小さいため、次の大地震までの周期は短いのではないかという推測もある。

こういった周期も考慮して、今後数十年以内に南関東で地震が発生する可能性はかなり高いと考えられており、政府の地震調査委員会の推定では南関東直下型地震の発生確率（海溝型・プレート内地震を含むM7程度の地震）は2007〜2036年の30年間で約70％と高い確率を予想している。

また直下型のうち、震源が非常に浅い「内陸地殻内地震」をもたらす、活動度が高いとされる活

● 南関東の地震

地震名	年	月日	震央	深さ	規模(M)	種類	死者	津波
弘仁地震	818年	7月	群馬・埼玉県境付近	浅い?	7.5	直下?	多数	
相模・武蔵地震	878年	11月1日	伊勢原断層	浅い	7.4?		多数	あり?
仁治鎌倉の地震	1241年	5月22日	不明	浅い	7.0?			あり
正嘉鎌倉の地震	1257年	10月9日	相模湾?	浅い	7以上		多数	
永仁鎌倉の地震	1293年	5月27日	相模湾	浅い	7以上		2.3万余	あり?
永享相模の地震	1433年	11月6日	相模湾?	浅い?	7以上			あり
元和江戸の地震	1615年	6月26日	神奈川県西部?	20数km?	6.3?		あり	
寛永江戸地震	1628年	8月10日	江戸付近?		6.0			
寛永小田原地震	1633年	3月1日	相模湾西部	浅い	7.0?		150	あり
寛永江戸地震	1635年	3月12日	江戸付近?		6.0前後			
正保相模の地震	1647年	6月16日	神奈川県西部?	浅い	6.5?		あり	
慶安相模の地震	1648年	6月13日	不明	不明	6以上		1	
慶安川越地震	1649年	7月30日	埼玉県南部	やや深い	6.5-6.7		50人余	
慶安川崎地震	1649年	9月1日	川崎付近	やや深い	6.4?		多数	
東京湾付近の地震	1697年	11月25日	東京湾付近		6.5			
元禄関東地震	1703年	12月31日	野島崎沖	浅い	8.1-8.4	NA-PHS	1万余	大津波
天明小田原地震	1782年	8月23日	神奈川県西部?	20km?	6.8-7.0[7]		あり	あり?
享和上総の地震	1801年	5月27日	久留里付近		6.5?			
文化神奈川地震	1812年	12月7日	川崎付近	30km?	6.4?	PHS内?	あり	
天保足柄・御殿場の地震	1843年	3月9日	神奈川県西部	やや深い	6.5			
嘉永小田原地震	1853年	3月11日	神奈川県西部	20km?	6.6-6.8[7]		100	小津波
安政江戸地震	1855年	11月11日	東京湾付近	40km?	6.9-7.4	PHS内?	1万余	なし
埼玉県中南部の地震	1856年	11月4日	埼玉県	?	6.0-6.5			記録なし
山梨県東部の地震	1891年	12月24日	山梨県東部	30km以浅	6.5			なし
明治東京地震	1894年	6月20日	東京湾付近(荒川河口付近)	40km[9]、80km程度[10]	7.0	PHS内かPHS-PAC[10][6]	31	なし
東京湾付近の地震	1894年	10月7日	東京湾付近	90km	6.7	PAC内	-	なし
茨城県南部の地震	1895年	1月18日	茨城県南部(霞ヶ浦付近[11])	約40 - 60kmまたは約60 - 80km[12]	7.2[11]	PAC内?[12][6]	9	なし
茨城県南部の地震	1921年	12月8日	茨城県南部[14]	53km[6]または約60 - 80km[12]	6.4[15]、7.0[11]	PHS内[12][6]	-	なし
神奈川県東部地震	1922年	4月26日	東京湾付近[13][6](浦賀水道付近)	40-70km[13]、71±21km、[16]、53km[6]	6.8	PHS内[13][16][6]	2	なし
大正関東地震	1923年	9月1日	神奈川県西部	23km	7.9-8.2	NA-PHS	10.5万余	大津波
（上記余震）	1923年	9月1日	相模湾	0km	7.3	-	-	-
（上記余震）	1923年	9月1日	相模湾	42km	6.5	-	-	-
（上記余震）	1923年	9月1日	相模湾	39km	6.5	-	-	-
（上記余震）	1923年	9月2日	千葉県南東沖	14km	7.3	-	-	-
丹沢地震	1924年	1月15日	神奈川県西部(南足柄市付近)	0 - 10km	7.3	-	19	なし
西埼玉地震	1931年	9月21日	埼玉県北部(寄居町付近)	3km	6.9	直下	16	なし
千葉県東方沖地震	1987年	12月27日	千葉県東方沖(九十九里浜付近)[17]	58km[17]	6.7	PHS内[17]	2	なし

直　　下 = 陸のプレート（北米プレート）およびフィリピン海プレート内部で起こる「内陸地殻内地震」、深さ20km以浅。
NA-PHS = 陸のプレート（北米プレート）とフィリピン海プレートとの境界で起こる「プレート間地震」、地表付近 - 深さ50km付近。
ＰＨＳ内 = フィリピン海プレート内部で起こる「スラブ内地震」、深さ10 - 60km付近。
PHS-PAC = フィリピン海プレートと太平洋プレートとの境界で起こる「プレート間地震」、深さ50 - 80km付近。
ＰＡＣ内 = 太平洋プレート内部で起こる「スラブ内地震」、深さ50 - 100km付近。

断層についても、2011年の東日本大震災（東北地方太平洋沖地震）による広範囲の地殻変動の影響で、立川断層帯や三浦半島断層帯などいくつかの断層は地震発生リスク（確率）が高まったと発表されている。

　これに加えて2012年、房総半島の南端から南東百数十km沖の海底に強大な活断層が2つあることが、東洋大学、広島大学、名古屋大学、海洋開発研究機構などの研究グループの調査結果により明らかになった（P39コラム参照）。断層が発見された地点は前述の「三重会合点」のすぐそばの陸側。この断層全体が一気に動けば、最大でM8〜9クラスの地震が発生すると予想されている。

　以上の点などから地震学者の溝上恵氏は、南関東直下の地震活動期を3つに分類している。

第1期： 関東地震発生時期から約70〜80年間は、関東地震の発生で南関東一帯のひずみが解放されたので地震が発生しにくくなる。つまり、地震活動の静穏期。

第2期： その次の70〜80年間は、ひずみの蓄積が関東地震発生に必要な量の約3分の1にまで回復するので、各地で地震活動が徐々に活発化してくる。M7前後の直下型地震が発生する可能性もある。

第3期： 徐々にひずみが蓄積されていって、南関東各地で地震活動が一段と活発化する時期。前段として軽い被害をともなう地震が多発し、次第にM7クラスの直下型地震が何度も発生するようになって、やがて再び、関東地震が起こる可能性が高い。

● 最大クラスの首都直下型地震による震度分布

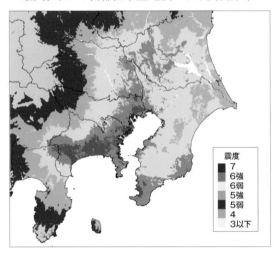

● 南海トラフ沿いの最大クラス地震モデルと相模トラフ沿いの最大クラス地震モデルの震源断層域の比較

● 首都圏直下型地震で想定される住宅被害

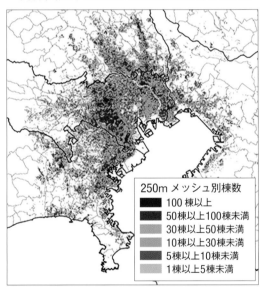

・震源地を都心南部と想定。
・揺れによる全壊家屋：約17万5000棟、建物倒壊による死者：最大約1万1000人。
・揺れによる建物被害にともなう要救助者：最大約7万2000人（250mの区域内で計算した「メッシュ別棟数」）

（政府／地震調査研究推進本部資料より）

● 相模トラフ沿いの最大クラスのプレート境界地震の震源断層域

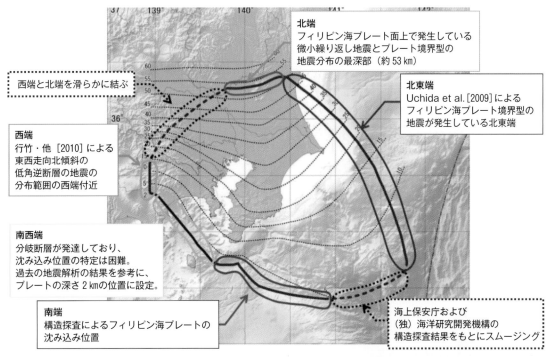

北端
フィリピン海プレート面上で発生している
微小繰り返し地震とプレート境界型の
地震分布の最深部（約53km）

北東端
Uchida et al. [2009] による
フィリピン海プレート境界型の
地震が発生している北東端

西端と北端を滑らかに結ぶ

西端
行竹・他 [2010] による
東西走向北傾斜の
低角逆断層の地震の
分布範囲の西端付近

南西端
分岐断層が発達しており、
沈み込み位置の特定は困難。
過去の地震解析の結果を参考に、
プレートの深さ2kmの位置に設定。

南端
構造探査によるフィリピン海プレートの
沈み込み位置

**海上保安庁および
（独）海洋研究開発機構の
構造探査結果をもとにスムージング**

（図版はいずれも政府／地震調査研究推進本部資料より）

■東京の東半分は "超危険地帯"

　M7級の地震が発生するという点では、南関東も日本の他の地域も同様である。しかし、南関東では特に地震の頻度が高く、また被害の程度が顕著になると想定される。

　関東地方の地層の特徴として、日本の他の地域と同様に地表近くに活断層が存在すること以外に、地下では相模トラフ付近だけではなく、群馬県や栃木県の南部まで北米・ユーラシア・フィリピンプレートの境界が存在し、そこでも地震が発生することである。

　北関東では震源が深いため揺れが減衰されるが、南関東では震源が浅いため強い揺れが起こる。また関東平野は広範囲で「第四紀」（258万8000年前から現在まで）以降の堆積物に厚く覆われているため、揺れが反射・増幅されやすい。最も深い東京湾付近で3000m程度とされており、政府発表の「表層地盤の揺れやすさ全国マップ」（2005年）でも、南関東の大部分が揺れやすい地域とされている。特に東京湾岸や荒川・利根川流域は、「揺れの増幅率」が高いとされている。また都心部でも、東側は地盤が弱いので、大地震の際には甚大な被害が予想される。

「三重会合点」

　2012年3月、東洋大学、広島大学、名古屋大学、海洋研究開発機構などの研究グループの調査で、千葉県の房総半島から南東へ百数十km沖の海底に巨大な活断層が2つあることが明らかになった。活断層が発見された地点は3つのプレートが接する「三重会合点」の付近とその陸側。この断層全体が一度に動けば、M8〜9クラスの地震をもたらす恐れもあると考えられている。

　この活断層について、渡辺満久・東洋大学教授らの研究グループは、「東側の活断層は長さ300km以上、西側は少なくとも160km。地震でできた崖の高さは東側の活断層が約2000m、西側は3000m超」と推測する。いずれも過去に何度も大地震を繰り返してきた可能性が高いという。ちなみに東日本大震災をもたらした東北地方太平洋沖地震の断層の大きさは「長さ約450km、幅約200km」（海上保安庁調べ）。

日本は海溝型地震が発生しやすい位置にある

　日本の場合、大規模な地震は「海溝」を震源地とすることが多い。2011年の東北地方太平洋沖地震（東日本大震災）は、この極めて大規模なものだった。日本列島近海には海溝やトラフが多く、太平洋側にある日本海溝、南海トラフがその代表的なものである。

　そこで、大地震が発生しやすい海溝型地震のメカニズムを見ていこう。

■海溝でプレートが沈み込むことによる地震

　繰り返すが、厚さ100km程度のプレート十数枚で覆われた地表は、断層の動きによって生じた振動が地震波として伝わることで揺れる。

　大陸プレートと海洋プレートがぶつかると、重い海洋プレートは軽い大陸プレートの下に沈み込む。このとき、大陸プレートが引きずり込まれ、深いくぼみをつくる。これが「海溝」「トラフ」である。

　また、海洋プレートがマントル内に沈み込むところを「沈み込み帯」という。

　こうした沈み込み帯のうち、6000m以上の深さの「海溝」で起きる地震を「海溝型地震」という。

　海溝型地震は、プレート同士の接する面が広く、ずれ動く距離が大きいほど大規模な地震となる。

生じる断層の長さは100〜200kmになることもあり、地震の規模はM8以上になることも多い。

　ちなみに「M（マグニチュード）」は、地震の規模を表すもので、「震度」と混同しがちだが、「震度」はある一定地点での揺れの強さを示したものなので、区別して考える必要がある。これについては後で詳しく説明しよう。

　さて、2011年3月11日に起きた東北地方太平洋沖地震（東日本大震災）は、この海溝型地震の典型である。大陸プレート（北米プレート）と海洋プレート（太平洋プレート）の境界部分でひずみが生じ、そのひずみが元に戻ろうとした結果、発生した地震だったのだ。

■海溝やトラフで地震発生の危険性大

　いくつものプレート境界が周辺にある日本近海では、過去に大規模な海溝型地震が起こっている。

　東北地方太平洋沖地震の他にも、2003年に千島海溝で起きた十勝沖地震（M8.0）がこのタイプである。

　大正時代の1923年に起きた関東大震災の原因となった大正関東地震も相模トラフでの地震として海溝型地震に分類できる。

　日本には、太平洋側に日本海溝、伊豆・小笠原海溝などの海溝や、相模トラフ、駿河トラフ、南海トラフといったトラフも存在するため、海溝型の地震が発生しやすいのだ。

　日本以外にも、プレート境界の地点では地震が起こりやすい。

　例えば、環太平洋地域のアリューシャン列島（アリューシャン海溝）、千島列島（千島・カムチャッカ海溝）、フィリピン諸島（フィリピン海溝）、ジャワ島（ジャワ海溝）、インドネシア、ニュージーランド、チリ等（チリ海溝）、ペルー（ペルー海溝）などがある。

　現に、ジャワ海溝ではスマトラ島地震（2004年、M9.1）が発生している。この地震で発生した津波は、遠く離れた東アフリカまで達して被害をもたらした。

■東北地方太平洋沖地震での大規模地殻変動

前述した2011年の東北地方太平洋沖地震（東日本大震災）では、大規模な地殻変動が起こったことが確認されている。

東北地方太平洋沖地震では、宮城県女川町江島の江ノ島では、地表面が東南東方向へ5.85m移動した。また、宮城県石巻市鮎川浜の牡鹿では1.14mもの地盤沈下が見られた。

海上保安庁の調査によると、この地震により震源地の真上の宮城県沖では海底が東南東に24m動いたことが確認されている。

● 日本付近のプレート境界と、東北地方太平洋沖地震の震源断層

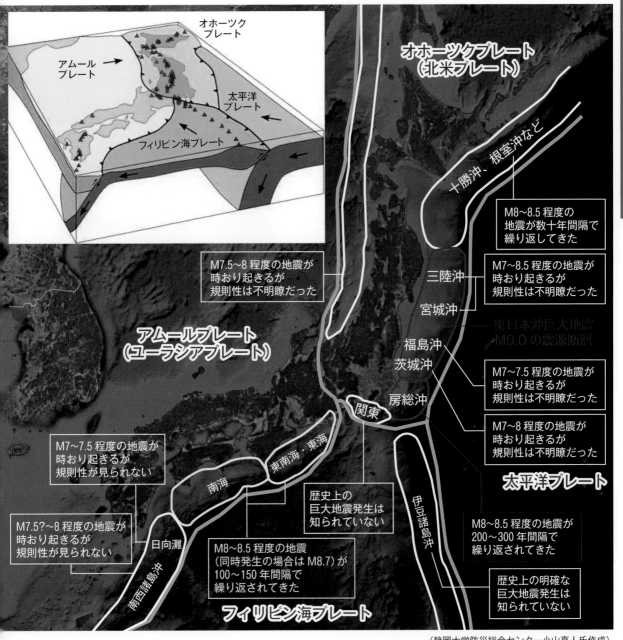

（静岡大学防災総合センター小山真人氏作成）

■土地の沈降観測で地震発生可能性を予測

時間の経過と地殻変動の様子の関係性を監視していれば、海溝型地震の長期的な発生可能性を判断することができる。大陸プレートが引きずり込まれるときには、土地の沈降が観測され、ひずみに耐え切れなくなると跳ね上がる。このときプレート接触部が動く（断層運動）によって、プレート境界に近い地域で土地の隆起が起こり、より内陸部では沈降が起こる。そのため、こうした土地の隆起や沈降の観測をすることで、将来の地震発生の可能性を検証することができると考えられる。

室戸岬や房総半島では、過去の断層運動によると見られる階段状の地形が形成されているのが確認されており、それまでに地震が繰り返し発生したことを示している。

●主な海溝型地震の発生確率

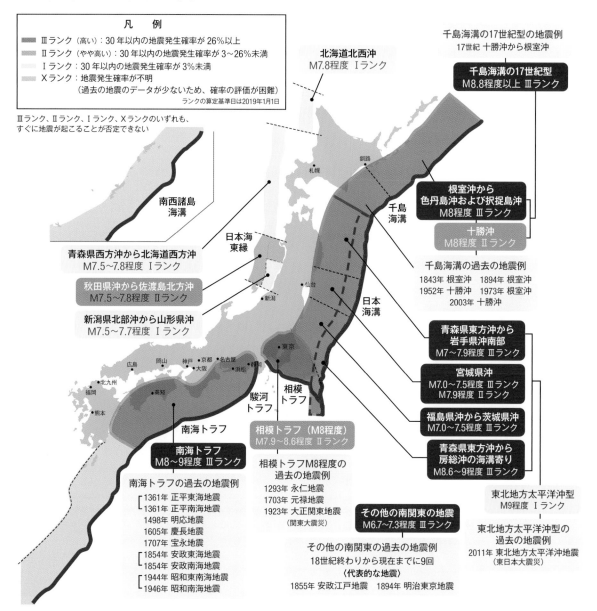

凡　例

■ Ⅲランク（高い）：30年以内の地震発生確率が26%以上
■ Ⅱランク（やや高い）：30年以内の地震発生確率が3〜26%未満
□ Ⅰランク：30年以内の地震発生確率が3%未満
■ Xランク：地震発生確率が不明
（過去の地震のデータが少ないため、確率の評価が困難）
ランクの算定基準日は2019年1月1日

Ⅲランク、Ⅱランク、Ⅰランク、Xランクのいずれも、
すぐに地震が起こることが否定できない

北海道北西沖
M7.8程度 Ⅰランク

千島海溝の17世紀型の地震例
17世紀 十勝沖から根室沖

千島海溝の17世紀型
M8.8程度以上 Ⅲランク

根室沖から
色丹島沖および択捉島沖
M8程度 Ⅲランク

十勝沖
M8程度 Ⅱランク

千島海溝の過去の地震例
1843年 根室沖　1894年 根室沖
1952年 十勝沖　1973年 根室沖
2003年 十勝沖

南西諸島
海溝

日本海
東縁

青森県西方沖から北海道西方沖
M7.5〜7.8程度 Ⅰランク

秋田県沖から佐渡島北方沖
M7.5〜7.8程度 Ⅱランク

新潟県北部沖から山形県沖
M7.5〜7.7程度 Ⅰランク

千島
海溝

日本
海溝

青森県東方沖から
岩手県沖南部
M7〜7.9程度 Ⅲランク

宮城県沖
M7.0〜7.5程度 Ⅲランク
M7.9程度 Ⅱランク

福島県沖から茨城県沖
M7.0〜7.5程度 Ⅲランク

青森県東方沖から
房総沖の海溝寄り
M8.6〜9程度 Ⅲランク

駿河
トラフ

相模
トラフ

南海トラフ
M8〜9程度 Ⅲランク

南海トラフ

相模トラフ（M8程度）
M7.9〜8.6程度 Ⅱランク

相模トラフM8程度の
過去の地震例
1293年 永仁地震
1703年 元禄地震
1923年 大正関東地震
（関東大震災）

南海トラフの過去の地震例
　1361年 正平東海地震
　1361年 正平南海地震
　1498年 明応地震
　1605年 慶長地震
　1707年 宝永地震
　1854年 安政東海地震
　1854年 安政南海地震
　1944年 昭和東南海地震
　1946年 昭和南海地震

その他の南関東の地震
M6.7〜7.3程度 Ⅲランク

その他の南関東の過去の地震例
18世紀終わりから現在までに9回
〈代表的な地震〉
1855年 安政江戸地震　1894年 明治東京地震

東北地方太平洋沖型
M9程度 Ⅰランク

東北地方太平洋沖型の
過去の地震例
2011年 東北地方太平洋沖地震
（東日本大震災）

札幌　釧路　仙台　新潟　東京　北九州　福岡　熊本　高知　広島　岡山　神戸　京都　大阪　名古屋　浜松　静岡

（政府／地震調査研究推進本部資料より）

● 今後 30 年以内に震度 6 以上の揺れに見舞われる確率が高い地域

(2018年1月1日時点で考えられるすべての地震の位置、規模、確率を計算し、
日本の各地点がどの程度の地震に襲われるのかを推定し、その分布を示した地図。

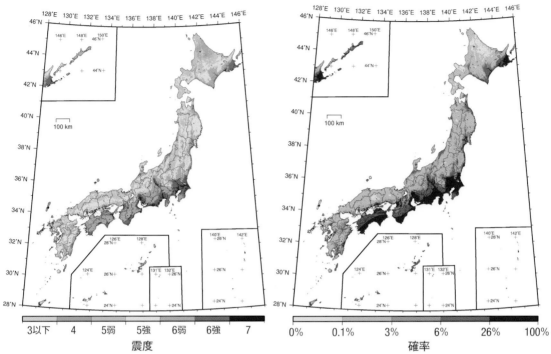

今後30年間にその値以上の揺れに見舞われる確率が3%となる
震度／期間と確率を固定して震度を示した地図の例

今後30年間に震度6以上の揺れに見舞われる確率／期間と
揺れの強さを固定して確率を示した地図の例

（政府／地震調査研究推進本部資料より）

東日本大震災では海溝型地震による津波が大災害を引き起こした。

都道府県別地震発生ランキング

日本全国、どこでも地震は発生する。しかし地域によって、地震回数の多寡はある。日本では震度4以下の地震が発生しても、日常生活に支障をきたすことは少ない。そこで、「防災データベース」が、震度5弱以上の地震の累計を気象庁の観測データ、環境省の震度データベースなどから抜粋して、1923年〜2016年9月までの累計発生数を都道府県別にまとめているので、ご紹介しよう。

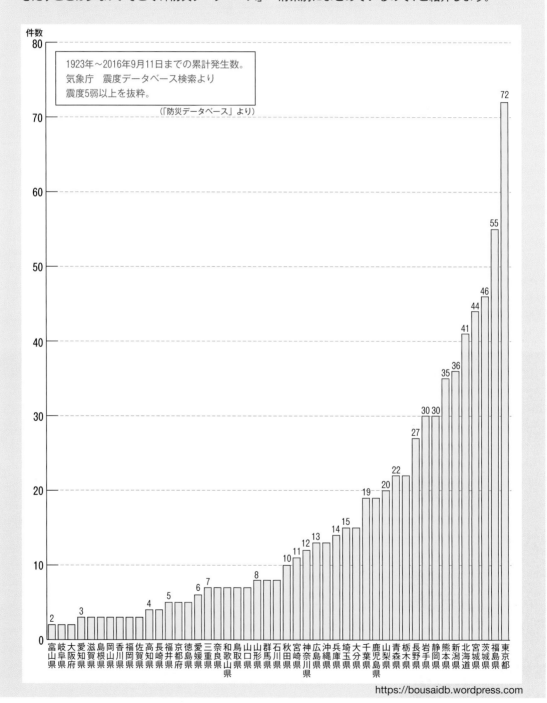

1923年〜2016年9月11日までの累計発生数。
気象庁　震度データベース検索より
震度5弱以上を抜粋。
（「防災データベース」より）

https://bousaidb.wordpress.com

Chapter 2

地震の
メカニズムを解剖

　地球は主に岩石でできている。地中深くでは「マントル」が対流し、それが地球表面のプレートを動かす。世界各地にある山脈は、プレート同士が衝突し、一方のプレートがもう一方を押し上げた結果、生まれたものである。また、プレートが海底に沈み込むと、深い海溝が形成される。日本海溝は世界でも深い海溝で、世界で最も深いマリアナ海溝へとつながっている。そして海洋プレートが沈み込むことで、プレート境界面のマントルが溶融し、それがマグマとなって火山ができる。この章では、そんな地球内部の構造と地震の関係を眺めていくことにしよう。

8 地球内部の熱が地震を引き起こす!

世界中のさまざまな場所で起きる地震は、ときに大規模な災害を引き起こす。地震が発生するメカニズムは、地球内部の熱が深く関係していると考えられている。地球内部に蓄えられた熱が、地表のさまざまな地形に影響を与えていく。その一つの現象が地震なのだ。

■「プレートテクトニクス」と「プルームテクトニクス」

これまで述べてきたような、地球の表面に存在するプレートの動きに着目し、地表で起こるさまざまな地学的現象をプレートの運動で説明しようとする学説を「プレートテクトニクス」という。

繰り返すが、プレートは、地球の表面を覆う厚さ100kmほどの岩盤のことである。地球の表層でこれらのプレートがたがいに「離れる」「すれ違う」「衝突する」運動を起こす結果、地震や火山活動、山脈の形成などの地球科学現象が発生するという考え方に立つ。例えば「海嶺で生まれた海洋プレートが冷えて重くなり、落ちようとする力」「プレートが左右に分かれて拡散するとき、それを埋めるようにマントル物質が湧き出すときの力」「海溝で沈み込んだプレートが、自らの重さで自身を引っ張る力」などが考えられる。

しかしこれは、地球表層の出来事の解明には役立つが、マントル全体を含む地球内部の現象との関係は解明できなかった。それを明らかにしたのが「プルームテクトニクス」だ。「プルーム」は「舞い上がる煙とか雲の柱」の意味である。

実はプレートの移動は、地球マントルが下から温められることで発生する内部の熱による。地球内部ではマントル対流が生まれる。これがプレートを動かす原動力となっているのだ。

熱は常に高温の部分から低温の部分に伝わっていく性質を持つ。地球の中心部の温度は約6000℃であり、この熱を地表に逃がすために、地球の深部(地下2900km)で「マントル対流」が起こる。そして、この地球内部のマントルを垂直方向に大規模に循環する「プルーム」の動きに着目して地球の活動を解明する理論が「プルームテクトニクス」である。

● プレート運動

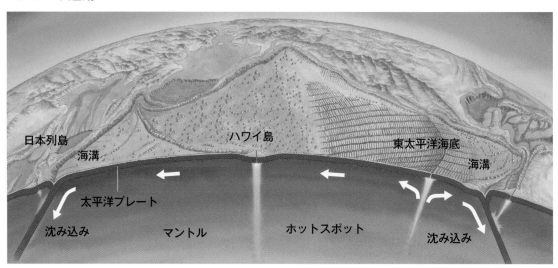

（気象庁「地震発生の仕組み」より）

プルームには、マントルと核の境界付近から上がってくる「ホットプルーム」と、海溝からマントル内に沈み込んだ海洋プレートが冷たいプレートとなった「コールドプルーム」がある。

プルームの下降・上昇は、通常、上部マントルと下部マントルの境目（660km近辺）で止まる。マントルの密度や硬度が大きく異なるためである。しかしこの境を越えて直径1000km以上にわたって下降・上昇するものを「スーパープルーム」と呼び、"超大陸の分裂を引き起こす原動力になった"と言われている。

コールドプルームは、周辺のマントルよりも温度が低く、マントルの表層から中心に向かって下降するプルームである。これは海洋プレートが大陸プレートの下に沈み込み、たまったあと、より深く沈み込んでいくものである。

ホットプルームは、核とマントルの間から、高温になったマントルが上昇するものだ。

こうした動きによって、地球の表層面であるプレートの移動が起きると考えられる。

プレートは、移動する方向が常に決まっているわけではない。隣り合うプレート同士の動き、つまり、プレートの境界で押し合ったり、たがいに離れたりする動きは、プルームやマントル対流に大きく影響されるのだ。

要するに、「プレートテクトニクス」は水平の動き、「プルームテクトニクス」は垂直の動きに注目するが、大きな意味では「プルームテクトニクス」は「プレートテクトニクス」を包括した考え方だと捉えてよい。

● 地球の内部構造

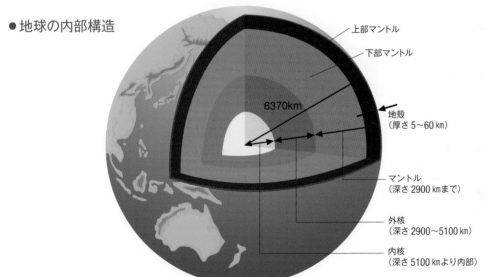

6370km

地殻
（厚さ 5〜60 km）

上部マントル

下部マントル

マントル
（深さ 2900 kmまで）

外核
（深さ 2900〜5100 km）

内核
（深さ 5100 kmより内部）

（気象庁「地震発生の仕組み」より）

構成物質による分類		地球の断面	流動性による分類	
地殻	大陸地殻／海洋地殻		リソスフェア	剛体
マントル	上部マントル		アセノスフェア	流動性がある
	（遷移層）			
	下部マントル		（メソスフェア）	剛体
	D層			
核	外核		外核	液体
	内核		内核	剛体

・マントル遷移層：深さ400〜700kmあたりにある地震波速度が急激に速くなる領域。マントルを構成する岩石の結晶構造が、「低温・低圧な」条件下で安定なものから、「より高温・高圧な」条件下で安定的なものへの転移を起こす領域。

・D層：2700km以深のマントルの最下部にあり、この部分は薄い層が溶解していて、ここからプルームが上昇しているのではという説がある。

（産業技術総合研究所地質調査総合センター、ウェブサイトによる。『地質を学ぶ、地球を知る「地球の構造」』より）

● プルームテクトニクス

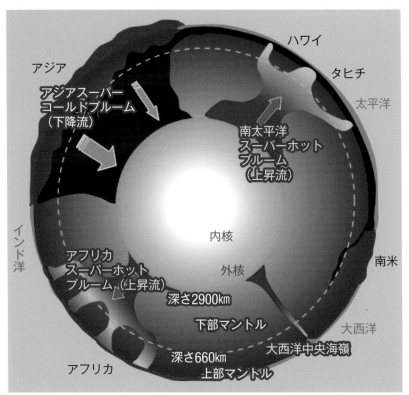

プルームテクトニクス

　1980年代以降、地震波トモグラフィー（地震波による断面図）で地球内部のマントル内に大規模な下降流（スーパーコールドプルーム）と上昇流（スーパーホットプルーム）があることが発見された。

　現在、アジアの地下にスーパーコールドプルームがあり、地表ではアジアに向かってすべての大陸が集まりつつある。また南太平洋とアフリカの地下にスーパーホットプルームがあり、これから枝分かれした小さな多数のホットプルームが各地にホットスポットとして存在する。

　このようなスーパープルームの下降と上昇によって、地球内部では1億〜4億年周期で全地球的な対流が起こっていると考えられ、このことが超大陸の誕生と分裂、地表の環境、生物の進化と絶滅に大きな影響を与えたことがわかっている。

（提供：島根半島・宍道湖中海ジオパーク）［丸山茂徳（1994）を参考］

■構成物質による分類、硬さによる分類

　地球の内部構造を分けるのには、2種類の方法がある。一つはどんな物質でできているかという「構成物質」による分け方。もう一つは、「流動性（流動しやすさ＝剛体かどうかで力学的な違いが生まれる）」による分け方である。

　「構成物質」で見ると、大きく分けて3つに分類できる。ニワトリの卵に例えるなら、中心部の黄身にあたる部分が「核」、白身にあたる部分が「マントル」、殻にあたる部分が「地殻」である。核とマントルは、それぞれ「内核」と「外核」、マントルは「上部マントル」と「下部マントル」に分けられる。

　地殻は主に岩石でできていて、大陸地殻と海洋地殻に大別することができる。大陸地殻は30kmから60kmの厚みがあり、海洋地殻は5kmから10kmとやや薄い。

　上部マントルを構成するのは主にカンラン岩で、下部マントルは高い圧力のためカンラン岩がより緻密な構造に変わっていると考えられている。また、外核は主に液体の鉄とニッケル、内核は主に固体の鉄とニッケルからできていると考えられている。

　一方、「流動性」を基準にした分け方では、地球の表層を「リソスフェア」と「アセノスフェア」（岩流圏）に区分する。

　地球の表層の地殻と、それに近い「上部マント

ル」を合わせた約100kmほどの部分は、比較的固い岩石からできていて、十数枚に分かれている。それがリソスフェアである。この「十数枚」という数に注目していただきたい。プレートは「地殻とマントルの最上部を合わせたもの」であるので、ほぼ、このリソスフェアに相当すると考えてよい。

それより深いところに、一部が溶けていて、柔らかく流動性がある部分が存在する。それがアセノスフェアである。流動性があるため、プレート運動の潤滑剤のような機能を果たしていると考えられている。また、さらにその下にある部分を「メソスフェア」（固い岩石の層）と呼ぶ。

こうした地球内部の組成や物性の大きな変化は、地球内部の高い圧力で結晶構造が高密度に変化（相転移）することや、地球内部の高い温度で、物質が部分的に（外核では大部分）溶融することが原因である。また、地球内部での温度と圧力の変化は、火成岩や変成岩の成因に大きな影響を与える。

■地球の表面を覆う地殻とプレート

P18でも触れたように地球の表面を覆う複数のプレート同士の境目（プレート境界）には、「離れ合う境界」「近づき合う境界」「すれ違う境界」があり、このプレート境界でさまざまな"出来事"が起こる。

1　離れ合う（たがいに遠ざかる）境界

ここでは、上昇したマントルの一部が溶けてマグマとなり、海嶺や海膨と呼ばれる海底山脈から
<ruby>かいれい<rt>海嶺</rt></ruby><ruby>かいぼう<rt>海膨</rt></ruby>
あふれ、火成活動が活発となる。プレート同士が離れ合っている地点では、海嶺が形成される。その海嶺で新たなプレートが生まれ、プレートはたがいに離れ合うように移動する。

2　たがいに近づく境界

これはさらに「沈み込み型」と「衝突型」の2つに分類される。

まず、「沈み込み型」は、プレート同士がぶつかった部分で、一方のプレートがもう一方のプレートに沈み込んで海溝やトラフといった深い溝のような海底地形が形成される。沈み込んでいく過程で地震が起こる。島弧や大陸では海溝に平行して火山が分布する傾向がある。
<ruby>とうこ<rt>島弧</rt></ruby>

「衝突型」では、大陸プレート同士が衝突すると、どちらもマントルに沈み込めず造山帯を形成する。

3　たがいにすれ違う境界

ここでは、トランスフォーム断層を形成し、プレート同士がすれ違う動きをする。トランスフォーム断層とは、横ずれ断層の一種で、海嶺に直交して発達することが多い。

地震はプレート境界周辺に、帯状になった地点で起こることがわかっている。プレート付近の岩盤に大きな力が加わるからだ。

また、プレート付近では、プレート同士の運動によって地震活動、火山活動、地殻変動など地学的なさまざまな現象が起こることがわかっている。

● 地殻の構造

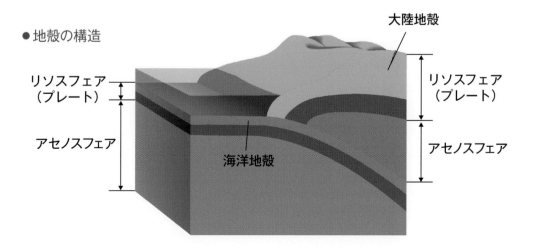

大陸地殻

リソスフェア（プレート）

アセノスフェア

海洋地殻

リソスフェア（プレート）

アセノスフェア

9 地震波でわかる地球の深層

地震が発生すると、震源から波動が伝わる。これが「地震波」である。「P波」や「S波」という言葉を聞いたこともあるだろう。これは地震発生にともなって地球内部を伝わる"実体波"（P110〜参照）。P波は伝わる速さが大きいため、最初に到着する。

地震波はその内部構造を知る最も有力な手掛かりとなる。そこで地震波の解析で地球内部の層構造を探る研究が進められてきた。

■地震波で震源までの距離を測る

地震が起こると、震源から地震波が四方八方へと伝わっていく。地震波は、地中を伝わる「P波」や「S波」などの実体波と、「レイリー波」や「ラブ波」という、地球の表面に沿って伝わる「表面波」がある。

私たちが地震の揺れを感じるときは、まずガタガタと上下に小刻みな揺れを感じることが多いが、これがP波である。その後、ゆさゆさと揺れを感じる。これがS波である。P波はS波よりも約1.7倍速く伝わるため、P波とS波の到達時間の差によって震源までのおよその距離がわかる。

光が空気中から水中に入るとき、反射や屈折をするように、地震波も性質の異なる物質を通るときには反射や屈折をする。そこでS波を観測すれば、S波は液体中は伝わらないため、内部に液体がどの程度、含まれているかも知ることができる。

つまり、地震波を解析したことで、地球内部の層構造が判明してきたということである。

例えば、地下数十kmまでにある「地殻」は固体の岩石から成ること。固体だが流動性があって「カンラン岩質岩石」からなる「マントル」は地下約2900kmまでであること。また、鉄やニッケルで形成される「核」は外核と内核に分けられ、外核は5100kmまでで、液体と考えられること。そして、中心部に近い内核は固体と考えられること……。

こうした構図が、地震波を解析することによって明らかになってきたのである。

●大陸地殻と海洋地殻

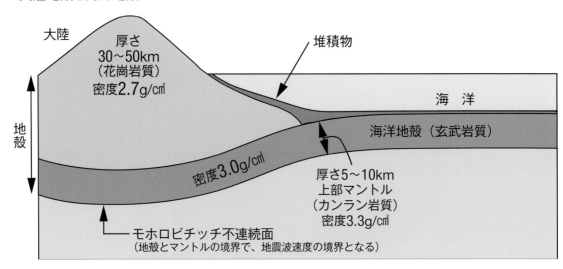

■大陸地殻と海洋地殻

　地殻とは、地表から「モホロビチッチ不連続面（地球の地殻とマントルとの境界のこと）」までの層を指し、大陸地殻と海洋地殻の2つがある。

　大陸地殻は、30〜50km程度の厚さがある。これらが大陸や日本列島などを構成する地殻である。大規模な山岳地帯では特に厚く、チベットでは60〜70kmにおよぶ。

　この大陸地殻は2層に分けられ、その上層部は、主に花崗岩質の岩石、下層部は玄武岩質の岩石からなっている。

　上層部は先に述べた「リソスフェア」で、密度が小さく軽い物質で構成される。

　そのため「アセノスフェア」に浮いていることができる。

　大陸の岩石は一度形成されると、比較的軽いため、地球の一番外側、すなわち地表面にとどまるというわけだ。ただし「アイソスタシー」が成立しているときに限る。

　それに対して、海洋地殻は、海底火山の玄武岩質の噴出物などで構成され、厚さは5〜10km程度の薄い層である。

■アイソスタシーとは何か

　1855年に、イギリスのエアリーが唱えた説で、「表層（地殻）は下層（マントル）よりも密度が小さな物質でできていて、高い山の下ほど根が深く下層に入り込んでいて、マントル内の仮想面を考えると、仮想面にかかる圧力はどこも等しい状態になっている」というものである。

　そしてアイソスタシーが成り立っているとき、地殻はマントルに"浮いた"状態になっているのだが、広域のアイソスタシーを考えたとき、現在では「リソスフェアがアセノスフェアに"浮いた"状態になっている」と表現することが多い。

地球内部の温度と圧力

　地球は内部ほど温度が高く、中心の温度は5000〜6000℃と推定されている。地表面では100m深くなるごとに温度は3℃低下する。

　地球内部の圧力は、中心に近づくほど高くなる。中心は360GPa（＝ギガパスカル、約355万気圧）に達すると考えられている。

● アイソスタシー

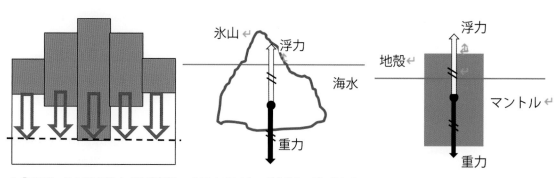

1 「エアリーによるモデル」。地下の仮想面にかかる圧力はどこも等しい。

2 アイソスタシーが成り立っているとき、地殻にかかる重力は、よく海に浮かぶ氷山にたとえられる。

（図版はいずれも清水書院『ひとりで学べる地学』より）

10 復活した「大陸移動説」

地球の大陸は、かつて一つの大陸であり、分裂・移動して現在のような大陸分布になったと考えるのが「大陸移動説」。

この大陸移動説を唱えたのが、ドイツの気象学者であったアルフレッド・ウェゲナーであった。彼の死から数十年の後、いったん忘れ去られた大陸移動説は復活する。なぜ復活したのだろうか。

■海岸線の形から着想を得たウェゲナー

ウェゲナーは、大西洋側の海岸線の形がジグソーパズルのように合致することから着想を得て、1912年に大陸移動説を発表。それは約3億年前、地球にはただ一つの超大陸が存在し、それが分裂・移動して現在の大陸になった、というものだった。

彼はその超大陸を「パンゲア（pangea）大陸」と名付けた。panはギリシャ語に由来する言葉で「全、汎」、geaは「陸地、大地、ガイア（ギリシャ神話の大地の女神）」の意味があり、「すべての大地」という意味が込められていた。

ウェゲナーが大陸移動の証拠として挙げたものには次のようなことがある。

①離れた大陸間で海岸線（正確には大陸棚）の形がパズルのように合うこと
②離れた大陸間での化石の連続性が見られること
③離れた大陸間で地質構造（造山帯など）の連続性が見られること
④離れた大陸間で過去の気候でつくられたもの（氷河の跡、砂漠だったことを示す砂岩、石炭の分布など）の連続性が見られること

■過去にいくつもあった超大陸

しかし、当時の人々に大陸移動説は受け入れられなかった。ウェゲナーは、世の中に認められないまま、大陸移動の証拠を探しに行ったグリーンランドでの調査中に亡くなっている。

当時、彼の説が受け入れられなかった最も大きな理由は、大陸を動かす原動力を説明できなかったからだ。

1930年にウェゲナーが亡くなると、大陸移動説はいったん忘れ去られたが、1950年代になって古地磁気学の発達により、大陸移動は確固たる証拠を得て復活した。

それぞれの大陸の火成岩の残留磁気を測定することで、大陸が移動したことが証明された。火成岩はマグマが冷え固まった時点の地球磁場方向を残留磁気として記録している。そこで、火成岩の残留磁気を調べれば、過去の地球の磁場方向を知ることができ、過去の磁極（※）の位置を決定できる。

実際に世界中の大陸で岩石の年代と岩石が示す磁極の位置を調べると、大陸ごとにそれぞれ1本の磁極移動曲線が描ける。磁極は地質年代を通して南北のほぼ定位置に存在したと考えられるので、このように磁極移動曲線が描けるのは、もとは一つの大陸が移動し続けているからだと推定できる。

パンゲア大陸以前にも、地球上の大陸たちが集まって一つの超大陸、あるいはいくつかの大きな大陸をつくったり、反対に細かくバラバラに分裂したりといった活動を繰り返したことがわかってきた。

超大陸としては19億〜18億年前のコロンビア（もしくはヌーナ）大陸、11億〜7.5億年前のロディニア大陸、5.4〜3.5億年前のゴンドワナ大陸、パンゲア大陸の4つの超大陸が存在したという説が、いま広く受け入れられている。

＊北または南を指していた磁石の針が垂直になる地点。北半球、南半球に1か所ずつあり、それぞれ「N（北）極」「S（南）極」という。

地球の歴史上の「超大陸」

約46億年前に誕生した地球には、約44億年前には海と陸があった。20億年ほど前からは、4億〜5億年ごとにすべての大陸が集まる「超大陸」が形成された。主な超大陸をご紹介しよう。

★ヌーナ大陸

約19億年前に誕生した最初の超大陸。しかしすぐ分裂。現在のアメリカ大陸はその残骸。

★ロディニア大陸

約10億年前〜7.5億年前に存在。やがて分裂したが、分裂開始前に地球全体が凍りつく大規模な氷河期があったことがわかってきた。

★ゴンドワナ大陸

ロディニア大陸が分裂して誕生した。主に南半球に位置していたといわれている。現在のアフリカ大陸、南アメリカ大陸、オーストラリア大陸、南極大陸、インドが含まれていたという。

★パンゲア大陸

2億9000万年前頃に誕生し、2億5000万年前頃から分裂が始まり、現在の6大陸に分かれた。その時期に史上最大規模で生物が大量絶滅し、これがパンゲア大陸の分裂と深く関わっているのではないかと考えられている。

★未来の超大陸

現在、すべての大陸はアジアに向かって移動している。この動きが続くと、5000万年後にオーストラリアが日本列島に衝突。その後、2億〜3億年後にはアフリカ大陸とアラビア半島、そしてアメリカ大陸もアジアと合体し、一つの超大陸が形成されるという説がある。

（参考：アースリウム https://www.thinktheearth.net）

● 海岸線をパズル合わせしてみると——

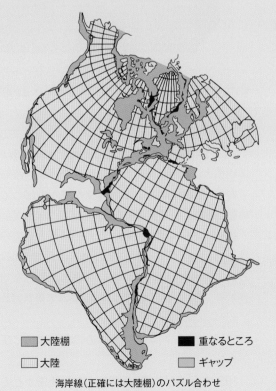

	大陸棚		重なるところ
	大陸		ギャップ

海岸線（正確には大陸棚）のパズル合わせ

● ウェゲナーが考えたパンゲアの分裂と
  大陸移動（灰色の部分は浅い海を示す）

▲石炭紀後期（約3億年前）

▲古第三紀始新世（約5000万年前）

▲第四紀更新世（約150万年前）

（清水書院『ひとりで学べる地学』より）

11 「海洋底拡大説」の登場

1950年代に古地磁気学（岩石などに残留磁気として記録されている過去の地球磁場を分析する地球物理学）の発展で「大陸移動説」が復活したのに続いて、1960年代には「海洋底拡大説」が登場した。当時の地球科学の学会でのあいさつは、「あなたは大陸移動説を信じますか？」から、「あなたは海洋底拡大説を信じますか？」に変わったという。人類はどのように海底の理解を深めてきたのだろうか。

■ 海底が広がっていく？

潜水艦が本格的に投入された第一次世界大戦と第二次世界大戦を経て、人類は海底に対する知見を深めていった。最大の発見は、それまで基本的に平らだと思われてきた海底に、地球を取り巻くような大山脈が見つかったことである。この大山脈は中央海嶺と呼ばれている。

中央海嶺には以下のような特徴が見られる。

① 火成活動が見られる

玄武岩マグマを噴火する。玄武岩質の溶岩が海底で冷え固まると枕のような形の枕状溶岩になる。海底に熱水の噴出が見られる。

② 年代が若い

地球の歴史46億年に対し、海嶺付近の岩石の年代は極めて若く100万年程度である。海嶺から遠ざかるほど海底の年代は古くなり、海溝付近で最も古くなる。

③ 震源が浅い地震が起こる

海嶺の頂上は大地を引き裂く力が働いてできる正断層がたくさんあり、くぼんだ地形になっている。正断層が震源となる地震が起こる。

④ 地磁気の縞状異常が見られる

海嶺の両脇に地磁気（全磁力）が強い地帯と弱い地帯が縞状に、海嶺を軸に左右対称に分布している。

これらの観測事実を受けて1961年にディーツが、

1962年にヘス（ともにアメリカ合衆国）が「海底は海嶺でつくられ、移動し、海溝から地球内部へ沈み込んで消滅する」という海洋底拡大説を発表した。

● 中央海嶺の断面（模式図）

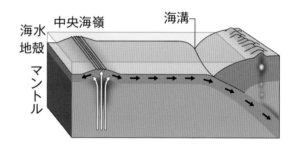

■ ホットスポットはホットプルームが枝分かれした出口

ハワイ諸島など、直線上に並んだ火山列も、海洋底拡大の結果、海嶺を軸に海底が両脇へ移動しており、その隙間を玄武岩質マグマが噴出して埋めながら新しい海底（海洋プレート）をつくっている。

移動していく海底（海洋プレート）が大陸にぶつかると、大陸プレートの下に沈み込んで、沈み込み口に海溝が発達する。古い海底は沈み込んで消滅する。そのため、海底は2億〜3億年で更新される。これが海洋底拡大説である。

これにより、前記の①〜④の現象がすべて説明できる。

1950年代半ば以降、地磁気の縞状異常がどのようにつくられるのかを探るうちに、これこそが海洋

底拡大説の最も重要な証拠であることが判明した。

　地球にはホットスポットと呼ばれる異常に高い地殻熱流量を示す地域がある。そこではマントル下部からマグマが上昇しており、地表や海底に火山を形成する。代表的なのはハワイ諸島で、ホットスポット上を通過する海底（プレート）上に点々と形成された火山列となっている。

　海洋底拡大説は、ディーツとヘスが積極的に提唱して広く支持されることになった。その後、この考えはプレートテクトニクスへと発展していった。

● ホットスポット（模式図）

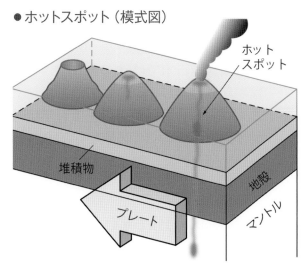

（清水書院『ひとりで学べる地学』より）

● ホットスポットによる火山列

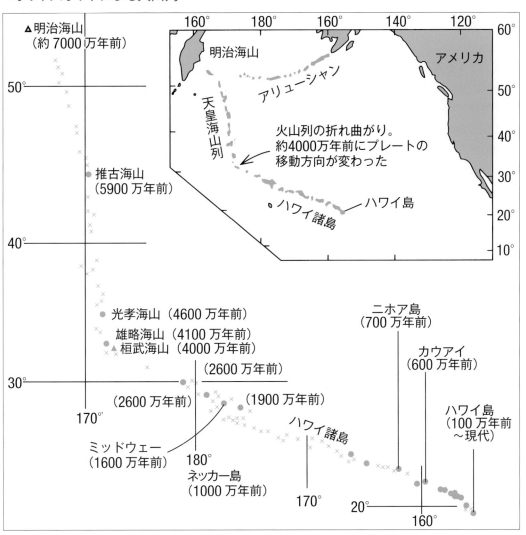

12 地震を起こす「断層運動」

地震大国日本では1年間に約1000～2000回もの揺れを感じる地震が起こり、しかも日本で地震が起こらない場所はない。これは日本列島がプレート境界の上に位置しているからである。世界の分布を見ても地震はプレート境界に集中して発生している。地震の正体は断層運動である。では断層運動はどのようにして起こるのか？

■プレートの弱い部分でずれが生じる

地震の正体は、プレートの断層運動であることは前述した。断層とは、地下の岩盤に周囲から力が加わることによって生まれる地盤の「ずれ」のことである。

地球を覆う固いプレートは、たがいに衝突したりすれ違ったりすることで、少しずつひずみがたまっていく。ひずみが限界に達すると、たまったひずみが解放されるようにプレートの弱い部分（弱線）が断層面になって断層運動が起こる。この断層運動の振動が地震波となって地表まで伝わり、揺れ（地震動）となる。

このように地震は基本的にプレートで起こる現象なので、地球の表面約100km以内の深さで起こる。だが実は、地下100kmを超える、地球内部に沈み込んだ海洋プレート内で起こる地震もある。「深発地震」だ。最も深い震源は、地下約660kmであり、沈み込んだプレートがこの深さにしばらくたまっていることが地震波の解析でわかっている。

ここ数十万年間に繰り返し活動し、今後も活動する可能性のある断層を活断層という。地震は活断層がずれることが多い。

■断層の3つの種類

プレート運動によって、岩盤が引っ張られたり、圧縮されたりする力が加わると、ひずみが生じる。このひずみに岩盤が耐え切れなくなると、弱線を面としてずれが起こってひずみが解放される。ずれが起こった面を断層面といい、既存の断層が動

いたり、断層が新たにつくられ動いたりする動きを断層運動という。

断層運動にはいくつかのタイプに分類することができるが、大きく「正断層」「逆断層」「横ずれ断層」の3つに分類することができる。

① 正断層

水平方向に岩盤に引っ張られる力が働くと、断層面をはさんでもともと上側にあった岩盤が下に滑り落ちる断層。

② 逆断層

正断層とは反対に、岩盤同士に圧縮する力が働き、断層面をはさんでもともと下側にあった岩盤がずり上がる断層。

③横ずれ断層

岩盤に横から引っ張られたり、圧縮されたりする力が加わらない。断層面をはさんで、それぞれの岩盤が左右にすれ違う動きをする断層。

また、正断層と逆断層は、上下にずれる動きをするため「縦ずれ断層」といい、横ずれ断層には岩盤がずれる方向によって「右横ずれ断層」と「左横ずれ断層」がある。

実際の断層運動は、岩盤への力があらゆる方向から複雑に働くため、斜め方向にずれる現象もよく見られる。この場合は、どの方向へのずれが最も大きいかを判断し、縦ずれか横ずれかを判断している。

● 断層運動様式図

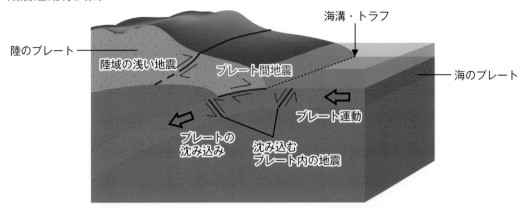

■ **断層運動と地震波**

　地震の際に断層が右の図のようにずれ動いたとき、断層のまわりの領域で「岩盤が縮む領域」と「伸びる領域」ができ、これらの「伸び」「縮み」は、地表で観測すると、それぞれ、地面が最初に下に動く（"引き"の波）、上に動く（"押し"の波）かがわかる。

● P波による初動が「押し」か「引き」か

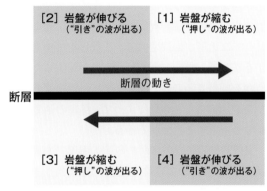

（いずれも文部科学省「地震がわかるQ＆A」より）

● 断層運動のメカニズム

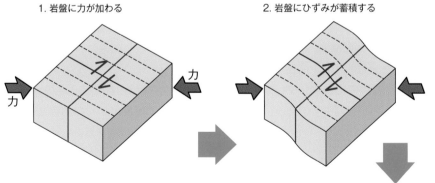

1. 岩盤に力が加わる

2. 岩盤にひずみが蓄積する

　地震は、断層運動により発生する。断層運動とは、ある面（断層面）を境にして両側の岩盤がずれ動く現象。
　プレート運動により岩盤中に蓄積されたひずみのエネルギーは、急激な断層運動により地震波となって放出される。

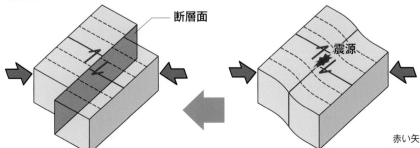

4. 断層運動によりひずみが解消される

3. 震源から断層運動が始まり、地震が発生する

断層面

震源

赤い矢印は、断層運動を示している。

13 活断層とは何か

大地震が起こるたびに、話題になるのが「活断層」。しかし活断層とは
何だろうか？　なぜそれが地震を引き起こす元となるのか？

■活断層は地震の"温床"

断層の中でも、最も新しい地質時代である新生代第四紀（約258万年前以降）において地殻変動を繰り返し発生させ、将来的にも活動する可能性の高い断層を「活断層」という。

断層運動の繰り返しによって山の尾根や谷に沿った食い違いや、崖地形などが直線的に連なった特徴的な地形が形成される。こうした地形を調査することで、過去に繰り返し地震が発生したかどうかを判読することができ、そこが活断層かどうかを判別できる。それによって、将来の活動の可能性も推定することができる。

文部科学省に設置された政府の機関である地震調査委員会は、日本には約2000の活断層があると推定している。

そのうち、規模の大きな地震であり、かつ社会的・経済的損失の大きい地震となりうる活断層を90以上選定している。

国の研究機関や大学では、この「活断層」に関する各種調査を行っており、国土地理院では「地表における活断層の位置と形状」を詳細に調査して、「活断層図（都市圏活断層図）」として公開している。

■確認されていない活断層は無数にある

活断層の存在は、地表付近にずれの痕跡が残されている場合は確認することができるが、地震の規模が小さいと、ずれが地表にまでおよばないことがある。

また、ずれが地表に現れた場合でも、長い間の侵食や堆積によって痕跡が不鮮明になってしまうこともある。

そのため、存在が確認されていない場所にもその地下には活断層がある場合がある。

M6クラス以下の地震は、地震が発生しても明確な痕跡を残すことが少ないため、認識することが難しい。しかし地質を詳細に調べたり、地形を丹念に調査したりすることで確認される可能性がある。

活断層を掘削調査すると、過去に繰り返し断層が活動していたことが地形の様子から判読することができる。

規模の大きな地震は、過去に起きたところで繰り返し起こるという性質を持っている。例えば、阪神淡路大震災（1995年）を引き起こした兵庫県南部地震では、淡路島にある野島断層という活断層が活動したことによる。

私たちの住む日本では、しばしば直下型の大地震に見舞われるため、活断層が頻繁に活動するような印象がある。しかし、これは日本に活断層の数が多いためである。

実は、一つひとつの活断層による大地震発生間隔は1000年から数万年と非常に長期間であると考えられている。

そうした活断層が確認されているものの、未確認のものも含め、日本全国にいくつも存在しているために、直下型地震が頻発することになるのだ。

■日本の主な活断層と地震発生確率

P60〜61の図は文部科学省の地震調査研究推進本部が公表しているデータをもとに、日本における主要な活断層の位置を示したものだ。起こりうる地震の規模と、30年以内に発生する確率を4つのランクに分けて表記した。

活断層は、大きいものでは跡津川断層、阿寺断層、中央構造線など、長さ100kmにおよぶものもある。

● 断層

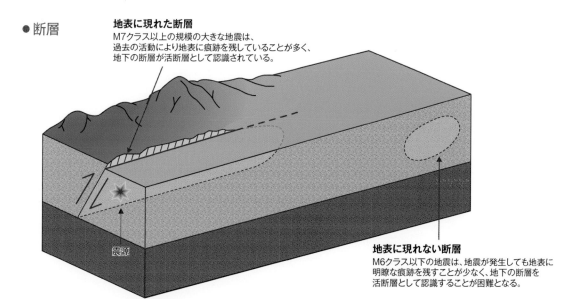

地表に現れた断層
M7クラス以上の規模の大きな地震は、
過去の活動により地表に痕跡を残していることが多く、
地下の断層が活断層として認識されている。

震源

地表に現れない断層
M6クラス以下の地震は、地震が発生しても地表に
明瞭な痕跡を残すことが少なく、地下の断層を
活断層として認識することが困難となる。

● 震源断層と地表地震断層

（図版はいずれも文部科学省「地震がわかるＱ＆Ａ」より）

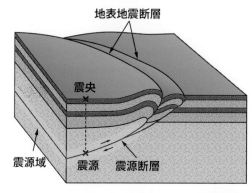

地表地震断層

震央

震源域　震源　震源断層

地震を起こした地下の断層を「震源断層」、そのときの断層運動に
ともなって地表に達した食い違いを「地表地震断層（地震断層）」
と呼んで区別する。

● 活断層のメカニズム

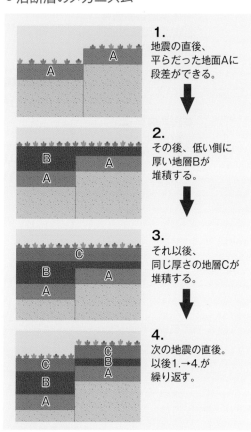

1.
地震の直後、
平らだった地面Aに
段差ができる。

2.
その後、低い側に
厚い地層Bが
堆積する。

3.
それ以後、
同じ厚さの地層Cが
堆積する。

4.
次の地震の直後。
以後1.→4.が
繰り返す。

● 兵庫県南部地震での野島断層の動き

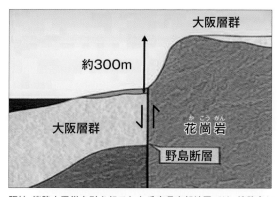

大阪層群

約300m

大阪層群

花崗岩
（かこうがん）

野島断層

阪神・淡路大震災を引き起こした兵庫県南部地震では、淡路島に
ある野島断層が活動した。野島断層では活動の繰り返しによって
数百万年前に平野に堆積した大阪層群が、断層を境に300m以上
もずれていることがわかっている。

活断層を掘削して調査を行うと、過去に繰り返し断層が活動
していたことが、このような地層の状態から読み取ることが
できる。

■日本の主な活断層と地震危険地帯

凡例：　**S ランク（高い）**：30年以内の地震（災害となりうる規模）発生確率が３％以上
　　　　A ランク（やや高い）：30年以内の地震発生確率が0.1～３％未満
　　　　Z ランク：30年以内の地震発生確率が0.1％未満
　　　　X ランク：地震発生確率が不明
　　　　　（過去の地震のデータが少ないため、確率の評価が困難）

（注）地震後経過率が0.7以上である活断層については、ランクに＊を付記する。
　　　※Sランク、Aランク、Zランク、Xランクのいずれも、すぐに地震が起こることが否定できない。

奈良盆地東縁断層帯 ──断層帯の名称
M7.4程度　S＊ランク ──ランク
└地震規模（マグニチュード）

ランクの算定基準日は2019年1月1日

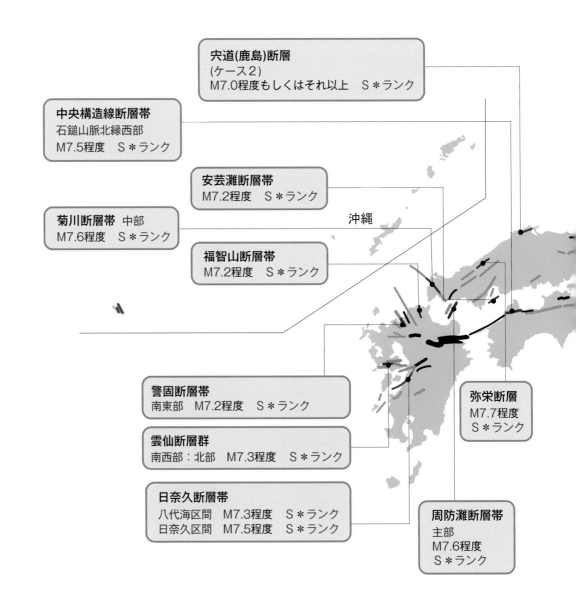

宍道(鹿島)断層
(ケース２)
M7.0程度もしくはそれ以上　S＊ランク

中央構造線断層帯
石鎚山脈北縁西部
M7.5程度　S＊ランク

安芸灘断層帯
M7.2程度　S＊ランク

沖縄

菊川断層帯 中部
M7.6程度　S＊ランク

福智山断層帯
M7.2程度　S＊ランク

警固断層帯
南東部　M7.2程度　S＊ランク

弥栄断層
M7.7程度
S＊ランク

雲仙断層群
南西部：北部　M7.3程度　S＊ランク

日奈久断層帯
八代海区間　M7.3程度　S＊ランク
日奈久区間　M7.5程度　S＊ランク

周防灘断層帯
主部
M7.6程度
S＊ランク

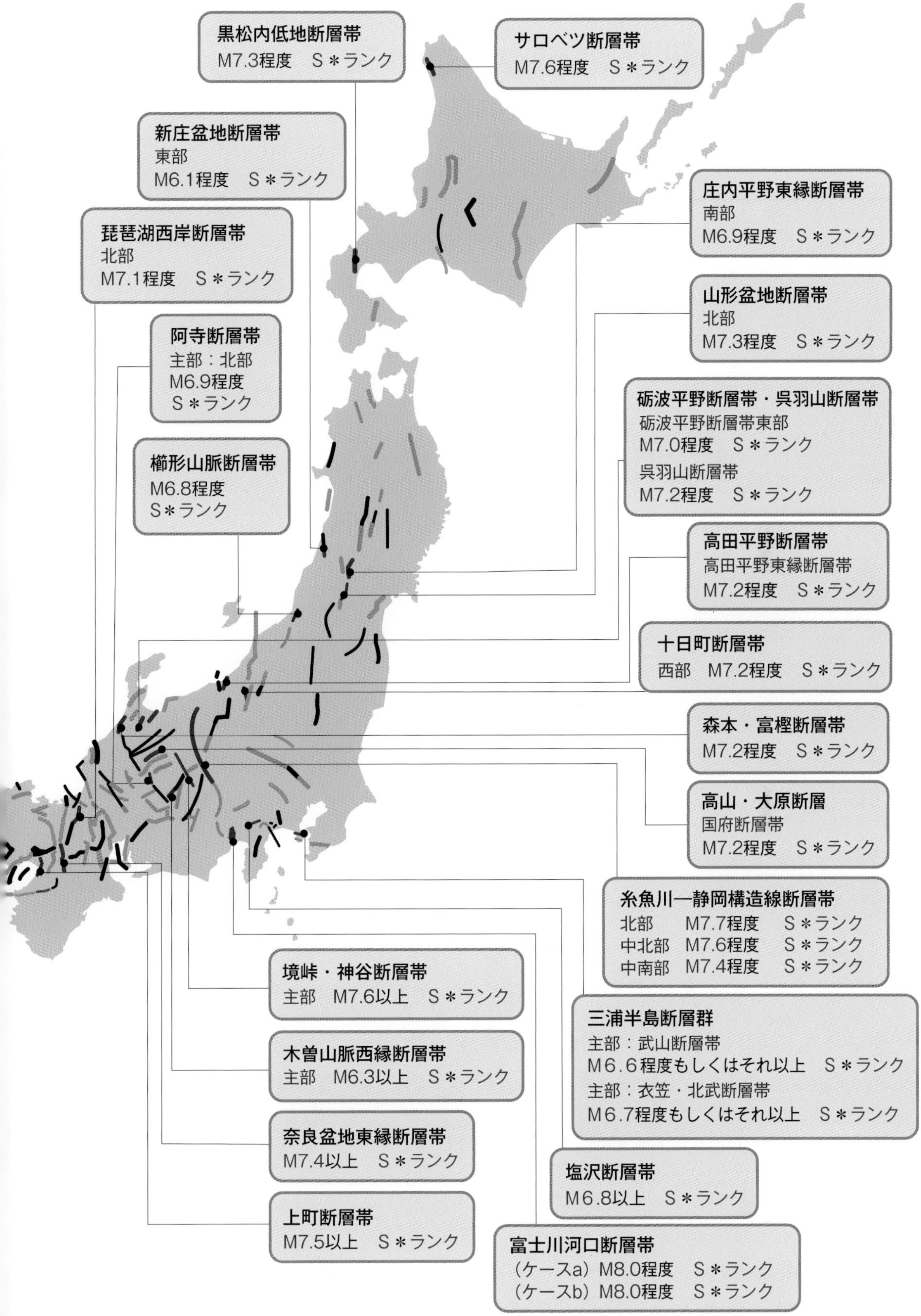

黒松内低地断層帯
M7.3程度　S＊ランク
サロベツ断層帯
M7.6程度　S＊ランク
新庄盆地断層帯
東部
M6.1程度　S＊ランク
庄内平野東縁断層帯
南部
M6.9程度　S＊ランク
琵琶湖西岸断層帯
北部
M7.1程度　S＊ランク
山形盆地断層帯
北部
M7.3程度　S＊ランク
阿寺断層帯
主部：北部
M6.9程度
S＊ランク
砺波平野断層帯・呉羽山断層帯
砺波平野断層帯東部
M7.0程度　S＊ランク
呉羽山断層帯
M7.2程度　S＊ランク
櫛形山脈断層帯
M6.8程度
S＊ランク
高田平野断層帯
高田平野東縁断層帯
M7.2程度　S＊ランク
十日町断層帯
西部　M7.2程度　S＊ランク
森本・富樫断層帯
M7.2程度　S＊ランク
高山・大原断層
国府断層帯
M7.2程度　S＊ランク
糸魚川―静岡構造線断層帯
北部　M7.7程度　S＊ランク
中北部　M7.6程度　S＊ランク
中南部　M7.4程度　S＊ランク
境峠・神谷断層帯
主部　M7.6以上　S＊ランク
三浦半島断層群
主部：武山断層帯
M6.6程度もしくはそれ以上　S＊ランク
主部：衣笠・北武断層帯
M6.7程度もしくはそれ以上　S＊ランク
木曽山脈西縁断層帯
主部　M6.3以上　S＊ランク
奈良盆地東縁断層帯
M7.4以上　S＊ランク
塩沢断層帯
M6.8以上　S＊ランク
上町断層帯
M7.5以上　S＊ランク
富士川河口断層帯
（ケースa）M8.0程度　S＊ランク
（ケースb）M8.0程度　S＊ランク

（2019年2月26日公表　政府／地震調査研究推進本部資料より）

14 日本列島のテクトニクス

「プレートテクトニクス」の運動がもたらすもの、それが地震であることは理解いただけたと思う。そして日本列島という地形も海洋プレートと大陸プレートが複雑に絡み合った結果、形成されたものだとも言われている。ここで、日本のテクトニクス(岩石圏)の動きを学び直しておこう。

●環太平洋の変動帯、海溝、活火山・深発地震の分布

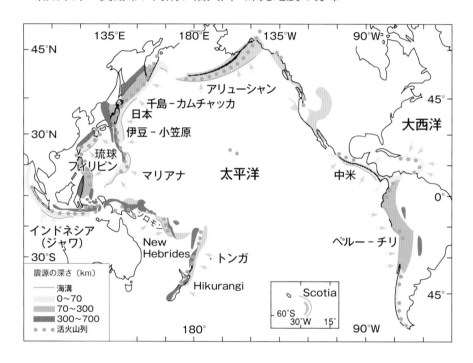

(図は清水書院『ひとりで学べる地学』より)

■「付加体」という考え方

「プレートテクトニクス」では、海洋プレートは上部マントルの上昇部である海嶺でつくられ、海洋底として徐々に海嶺から離れていき、最後には海溝に沈み込むとされている。

この過程で、海洋プレートの上にさまざまな岩石が堆積していく。

例えば、海嶺近辺の各所で地下からの熱水の湧き出しによってできる「金属鉱床」やケイ酸塩質のチャートや炭酸カルシウム質の石灰岩などがそうだ。

そして徐々に堆積したものがプレートに載ったまま運ばれるが、海洋プレートが大陸プレートの下に沈み込むときに、こうした堆積物が海洋プレートから剥ぎ取られて大陸プレートに付着する。これが「付加体」だ。

海溝では次々に新しい付加体が到着するため、新しい付加体は古い付加体の下に潜り込む形で、古い付加体を大陸側へ押し上げる。この結果、海洋プレートとともに沈んだ堆積物の一部は、大陸プレートとの摩擦で海洋プレートから剥がれ、大陸プレートの下に底付けされていく。そのとき、堆積物は比較的低めの温度と高い圧力の影響で、特徴的な変成岩を形成する。

こうして、日本列島では、幅広く分布する三波川帯(P66参照)に代表される「広域変成帯」が形成されていったとされている。

■火山フロントの形成

そして海洋プレートがさらに深く沈み込み、周辺温度が1000℃近くまで上昇すると、海洋プレートから搾り出された水分が周辺のマントルの融点を下げてマグマを形成する。形成されたマグマは上昇して地殻に達し、さらに地殻中の古い付加体を溶かしながら上昇してゆく。このマグマは火山フロントになって地表で噴火するほか、噴火に至らないまま地下に多数の花崗岩(かこうがん)をつくる。この火成活動により、地上に火山が形成される。

中部、近畿地方、中国山地に広く分布する中生代の花崗岩がその代表例である。

■日本列島における付加体

日本列島の周辺では、約3億年前から断続的に海洋プレートが沈み込んでおり、各年代において特徴的な地質構造を有し、日本列島の骨格を形成している。海洋プレートの沈み込みは現在でも継続しており、南海トラフではいまでもフィリピン海プレートが日本列島の下に沈み込んでいる。また四国沖では、新たな付加体が形成され続けている。では、現在の日本列島で、どの時期のものが散見できるのか？

・古生代石炭紀から中生代三畳紀(さんじょうき)の岩石

北九州、中国地方、上越地区になどにこの時代の岩石が見られる。巨大な石灰岩の鍾乳洞(しょうにゅうどう)・秋吉台(あきよしだい)は約2億5000万年前に付加体となった。

・中世期ジュラ紀

この時代の付加体は九州中部、四国と、中部・南部を除く近畿地方から関東地方の大部分に分布。全部をまとめて「ジュラ紀付加体」と総称される。中央構造線周辺には領家(りょうけ)変成帯や三波川変成帯があるが、これは地球内部における広域な運動にともなって既

● 日本の火山・地震

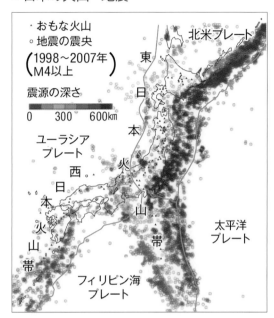

・おもな火山
○ 地震の震央
（1998～2007年 M4以上）
震源の深さ
0　300　600km

北米プレート
東　日　本　火　山　帯
ユーラシアプレート
西　日　本　火　山　帯
太平洋プレート
フィリピン海プレート

存の岩石が地下深部で「広域変成作用」を受けたもの。大陸底に底付けされた付加体が地下深部で変成作用を受けたあと、その後の地殻変動で地表に現れたものと考えられている。

● プレートの沈み込みと地震・火山の発生の模式図

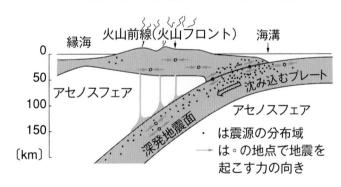

縁海　火山前線（火山フロント）　海溝
アセノスフェア　沈み込むプレート　アセノスフェア
深発地震面
・ は震源の分布域
→ は。の地点で地震を起こす力の向き
〔km〕

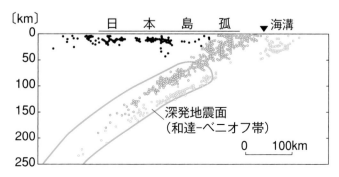

〔km〕
日　本　島　弧　▼海溝
深発地震面
（和達-ベニオフ帯）
0　100km

15 フォッサマグナで見る日本列島の形成

日本列島のうちの本州弧は、地質学的にフォッサマグナを境に東北日本弧と西南日本弧に分けることができる。日本列島がどのようにしてできたのかは、このフォッサマグナの存在から考えていけばわかりやすい。日本列島はいったいどのようにしてできたのか。フォッサマグナを切り口に見ていこう。

■なぜ日本にフォッサマグナができたのか

日本列島は太平洋に凸状に張り出した島弧として成り立っている。島弧は、弓なりにできた島の連なりのことで弧状列島の意味であり、日本の本州は本州弧という。

本州弧は、古い時代の岩石でできた東北部と西南部があり、その境目は大きな溝となっている。そこに新しい時代の岩石が詰まってできている。

見た目は一続きの陸地であるが、実際は南北に走る溝によって分断されている。この溝は、上空から見下ろしてわかる地形的な溝ではなく、地層や岩石を調査して初めてわかる「地質的な溝」であるといえる。

この溝を、明治政府の招きで20歳の若さで来日したドイツの地質学者ハインリッヒ・ナウマン博士が、ラテン語で「大きな溝」を意味するフォッサマグナと名付けた。

どうしてこのような大きな溝ができたのかは、日本列島の成因に由来する。日本列島のもとは古第三紀（6600万〜2303万年前までの時代）までは、今のロシア沿海州の東端にあり、アジア大陸の一部だった。それがやがて新第三紀中新生の2000万〜1500万年前に太平洋へ向かって移動していき、「ハ」の字のように折れ曲がっていった。その折れ曲がった箇所がフォッサマグナのもととなった。

■関東を貫くフォッサマグナ

当初、ナウマン博士は、フォッサマグナの東縁を直江津－平塚線、西縁を糸魚川－静岡構造線と考えていた。

ところが、博士がフォッサマグナを命名してから、120年以上もたって地質調査が大きく進展した結果、博士が東縁とする直江津－平塚線の証拠は見つかっていない。

現在の研究によれば、東縁は直江津－平塚よりももっと東とする、すなわち新発田－小出構造線と柏崎－千葉構造線にはさまれた地域と考える説が有力になっている。

■フォッサマグナの地層とは

信越から関東にかけて存在しているフォッサマグナでは、2000万〜数百年前の地層が堆積しており、6000m級のボーリング調査でも古い時代の岩石に到達しなかったことから、それ以上の厚みを持っていると考えられている。

また、フォッサマグナの地質における特異点としては、フォッサマグナの中央に、南北に連なる火山列があることが挙げられる。

北から代表的な火山をあげると、新潟焼山・妙高山・黒姫山・飯綱山・八ヶ岳・富士山・箱根・天城山などとなる。

フォッサマグナの地下には、南北方向の断層があって、それを通ってマグマが上昇し、南北方向の火山列ができたと考えられている。

フォッサマグナは沈降して湖や盆地をつくり、やがて隆起に変わって火山活動が加わって現在の形になった。糸魚川－静岡構造線の南端に位置する伊豆の温泉も、フォッサマグナの賜物ということができる。

● フォッサマグナ

　日本列島はもともと古第三紀までは
いまのロシア沿海州の東縁にあった
アジア大陸の一部。新第三紀中新世の
2000万～1500万年前に、太平洋に向
かって移動し、背後に日本海ができて
島弧になった。北部フォッサマグナの
基盤の沈降もその時代に生じた。

『地質学雑誌』田沢純一氏（1993）より作成

ナウマンのフォッサマグナ

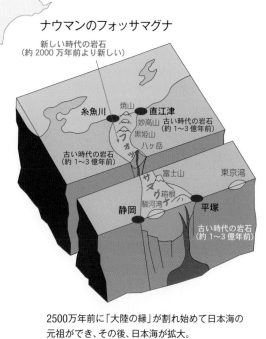

2500万年前に「大陸の縁」が割れ始めて日本海の
元祖ができ、その後、日本海が拡大。

現在のフォッサマグナ

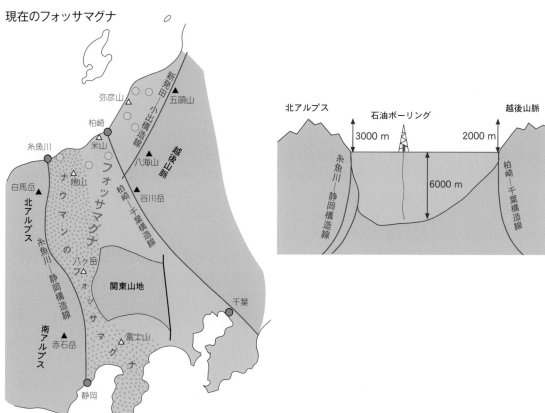

（『地質学雑誌』以外の図版提供：フォッサマグナミュージアム）

16 中央構造線からわかる日本の骨組み

日本にはフォッサマグナのほかにも地質構造の変わる箇所がある。日本列島を中央から南北に分割する大断層である。これを中央構造線という。中央構造線はどのようにしてできたのか。それを知れば、日本列島の成り立ちが見えてくる。

長野県下伊那郡大鹿村鹿塩の北川露頭。ここでは内帯の領家帯の岩石（左）と外帯の三波川帯の岩石（右）が接している

三波川帯。長野県下伊那郡大鹿村夕立神の緑色岩。

■1000㎞もの大断層「中央構造線」

日本列島の地質構造を見ると、岩石の様子がガラリと変わる箇所がある。それは関東から九州へと続く西南日本において、南北に分ける大断層を境目としている。この境目によって日本海側の内帯と太平洋側の外帯とに分けられている。この西南日本を南北に分ける大断層を中央構造線と呼ぶ。中央構造線に沿ったところでは、内帯は領家帯、外帯側は三波川帯という（P67地図）。

中央構造線は、全長1000㎞を超える最大最長の大断層で、フォッサマグナ同様、ナウマン博士によって命名されたものである。しかし、中央構造線の歴史はフォッサマグナより断然古い。中央構造線は白亜紀（約1億4500万〜6600万年前）に形成された断層と考えられている。

■中央構造線は「地表の古傷」

領家帯と三波川帯とでは、岩石の様子が異なる。領家帯では、マグマが冷えて固まった花崗岩や変成岩が分布している。領家帯の中でも中央構造線に接する部分は、和泉層群という砂岩や泥岩の地層が見られる。

三波川帯では、領家帯の岩石よりも温度が低いところで強い圧力を受けた岩石が分布している。

領家帯と三波川帯は、白亜紀にはアジアの東部で互いに離れて並んでいたのだが、プレートの動きによって年間数㎝の速さで移動し、中央構造線を境に接するようになった。

中央構造線は、日本列島ができたときの断層が地表に現れたものであり、地層の古傷のようなものと言えるかもしれない。

領家帯。三重県松坂市飯南町。領家帯に特徴的な花崗岩。

領家帯。長野県雨上伊那郡飯島町。与田切川オンボロ沢の花崗岩。ここには変成岩や花崗岩が分布している。

● 中央構造線とその周囲の地層と岩石

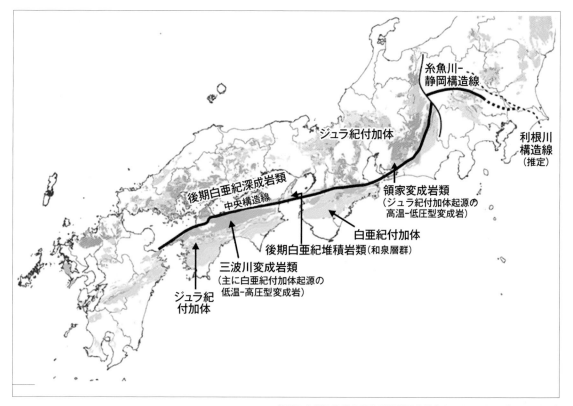

（図版：産業技術総合研究所地質調査総合センター、ウェブサイトより）

17 日本の山脈の成り立ち

日本には狭い国土の中には、「日本の屋根」や「日本アルプス」とも呼ばれる飛騨山脈（北アルプス）や木曽山脈（中央アルプス）、赤石山脈（南アルプス）があり、3000m級の山々がいくつも連なっている。それぞれの山の成り立ちを追っていくと、必ずそこにはプレートの動きが関係していることがわかる。

■かつて「深海にあった」北岳

富士山に次ぐ標高を誇る北岳（3193m）は、南アルプス（赤石山脈）に存在する。南アルプスは中央アルプスとは対照的に前山や支脈の多い山脈となっている。

この山脈の成立のヒントは、そのネーミングに隠されている。赤石山脈の名前は、文字通り「赤い石」から来ているとされる。この場所から赤い石が見られるからだが、その赤は海底に沈殿した鉄分である。

これは陸から泥や砂が流れ込まないような沖合の深海で放散虫という微生物の殻がたまってできた石で、そこに鉄分がたまったというわけだ。

つまり、現在の北岳はかつて深海にあったものが、膨大な時間をかけてプレートの活動の影響で地表に押し上げられたものなのである。

■アルプスごとに異なる山のでき方

一方、中央アルプスは、伊那谷側にある断層群による活発な隆起運動によってできた山脈である。

また、北アルプスはマントルが上昇して火山活動が活発になったことによって海であった場所が隆起してできた山脈である。

これら山脈の成因によって見られる岩石にも違いが生じる。

例えば、北アルプスは花崗岩を主体にさまざまな岩石からできた山脈であり、中央アルプスは主として堆積岩からなる。

一方、南アルプスは海底に降り積もったサンゴや放散虫の死骸が固まった堆積岩でできている。

そのように、それぞれの山脈の岩石には個性が見られるのである。

新雪の
北アルプス・穂高岳

● 日本の主な山脈

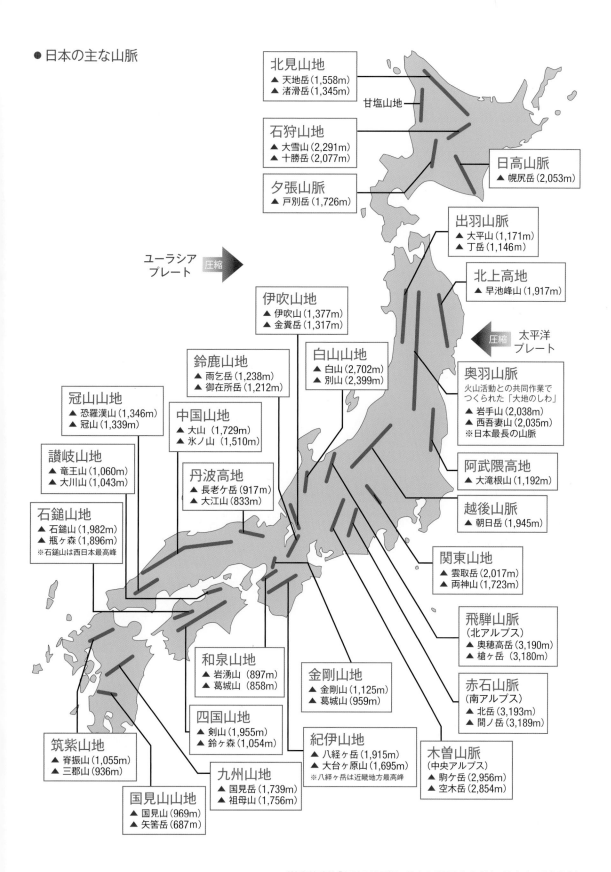

北見山地
▲ 天地岳（1,558m）
▲ 渚滑岳（1,345m）

甘塩山地

石狩山地
▲ 大雪山（2,291m）
▲ 十勝岳（2,077m）

夕張山脈
▲ 戸別岳（1,726m）

日高山脈
▲ 幌尻岳（2,053m）

出羽山脈
▲ 大平山（1,171m）
▲ 丁岳（1,146m）

北上高地
▲ 早池峰山（1,917m）

ユーラシア
プレート

圧縮

伊吹山地
▲ 伊吹山（1,377m）
▲ 金糞岳（1,317m）

白山山地
▲ 白山（2,702m）
▲ 別山（2,399m）

圧縮

太平洋
プレート

奥羽山脈
火山活動との共同作業で
つくられた「大地のしわ」
▲ 岩手山（2,038m）
▲ 西吾妻山（2,035m）
※日本最長の山脈

鈴鹿山地
▲ 雨乞岳（1,238m）
▲ 御在所岳（1,212m）

冠山山地
▲ 恐羅漢山（1,346m）
▲ 冠山（1,339m）

中国山地
▲ 大山（1,729m）
▲ 氷ノ山（1,510m）

阿武隈高地
▲ 大滝根山（1,192m）

讃岐山地
▲ 竜王山（1,060m）
▲ 大川山（1,043m）

丹波高地
▲ 長老ケ岳（917m）
▲ 大江山（833m）

越後山脈
▲ 朝日岳（1,945m）

石鎚山地
▲ 石鎚山（1,982m）
▲ 瓶ヶ森（1,896m）
※石鎚山は西日本最高峰

関東山地
▲ 雲取岳（2,017m）
▲ 両神山（1,723m）

飛騨山脈
（北アルプス）
▲ 奥穂高岳（3,190m）
▲ 槍ヶ岳（3,180m）

和泉山地
▲ 岩湧山（897m）
▲ 葛城山（858m）

金剛山地
▲ 金剛山（1,125m）
▲ 葛城山（959m）

赤石山脈
（南アルプス）
▲ 北岳（3,193m）
▲ 間ノ岳（3,189m）

四国山地
▲ 剣山（1,955m）
▲ 鈴ヶ森（1,054m）

紀伊山地
▲ 八経ヶ岳（1,915m）
▲ 大台ヶ原山（1,695m）
※八経ヶ岳は近畿地方最高峰

木曽山脈
（中央アルプス）
▲ 駒ケ岳（2,956m）
▲ 空木岳（2,854m）

筑紫山地
▲ 脊振山（1,055m）
▲ 三郡山（936m）

九州山地
▲ 国見岳（1,739m）
▲ 祖母山（1,756m）

国見山山地
▲ 国見山（969m）
▲ 矢筈岳（687m）

（技術教論社『理科の地図帳　日本の地形と気象が丸ごとわかる』を参考）

● 日本の山の成り立ちの5つのタイプ

① 曲隆山地と盆地

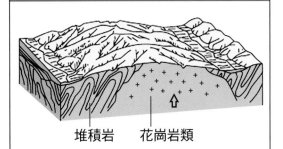

堆積岩　　花崗岩類

花崗岩の隆起により大地が褶曲した地形。
（例：北上山地、阿武隈山地、紀伊山地、四国山地）

木曽駒ケ岳：中央アルプスの主峰。頂上から北アルプスや南アルプス、八ヶ岳連峰などが美しく見える。夏には高山植物が咲き乱れる。

② 褶曲・断層による山地と盆地

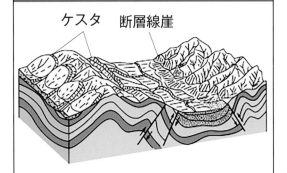

ケスタ　　断層線崖

褶曲の背斜部が細長く連なった山地。
（例：越後丘陵、出羽丘陵、奥羽山地）

④ 横ずれ断層による山地

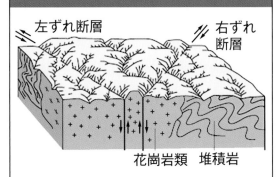

左ずれ断層　　　右ずれ断層

花崗岩類　　堆積岩

左右の横ずれ断層が格子状配列した地形。
（例：加賀・美濃山地、飛騨高原、美濃高原）

③ 逆断層による山地

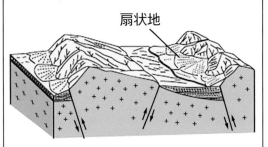

扇状地

硬い基盤岩で逆断層、横ずれ断層によって
短縮が起こってできる地形。
（例：木曽山脈、鈴鹿山脈、生駒山脈）

⑤ 正断層による山地

扇状地　　　　　　　　　溶岩

地殻の伸長によって生じる正断層からできる山地。
（例：別府湾～日田盆地、阿蘇西麓～雲仙岳の地域）

（清水書院『ひとりで学べる地学』より）

●標高3000ｍ以上の高山・トップ10

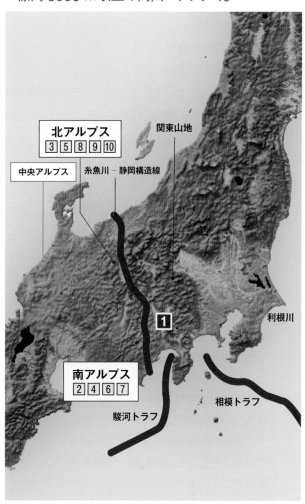

順位	名前	標高	所在地
1	富士山	3776 m	富士山
2	北岳	3193 m	南アルプス
3	奥穂高岳	3190 m	北アルプス
4	間ノ岳	3189 m	南アルプス
5	槍ヶ岳	3180 m	北アルプス
6	東岳（悪沢岳）	3141 m	南アルプス
7	赤石岳	3120 m	南アルプス
8	涸沢岳	3110 m	北アルプス
9	北穂高岳	3106 m	北アルプス
10	大喰岳	3101 m	北アルプス

槍ヶ岳：1892年、ウォルター・ウインストンが槍ヶ岳に登頂。「日本のマッターホルン」として世界に紹介した。

（木曽駒ヶ岳、槍ヶ岳の写真提供：神奈川県立生命の星・地球博物館／勝山輝男氏）

18 岩石から見る日本列島

日本列島で見られる地層や岩石には、形成された年代と岩石の性質ごとにまとめることができる。途方もなく長い時間をかけたプレートの移動によって形づくられてきた地形をなす地層や岩石は、複雑な模様を描くように分布していることがわかる。日本列島がいつ、どこで、どのように形成されてきたのか、時代とともに見てみよう。

■日本の地質構造の４つの区分

地球の地層を知る資料としては岩石があり、中でも堆積岩が重要な役割を果たす。地層の重なり方、地層の新旧の関係、地層の対比などで広い範囲の地層の上下や地殻変動および地層中に含まれる化石を見つけることで、その地域の堆積年代や環境を探ることができる。

地層が形成された年代と岩石の性質をまとめると、P73図のような分布となる。

日本の地質帯は、列島に沿って帯状に配列しており、いくつかの大きな流れがあることがわかる。

日本の地質構造は大きく４つに区分することができる。すなわち、糸魚川―静岡構造線により西南日本と東北日本、さらに西日本は中央構造線をはさんで地層が帯状に外帯・内帯に分けられ、さらには北海道も別の区分となる。

①西南日本内帯

フォッサマグナから西に延びる中央構造線の内帯の最も北側には最も古くに変成された「飛騨帯」、南側にはペルム紀に付加した地層である「丹波美濃帯」と、ペルム紀～ジュラ紀付加体と変成岩を主体とする「三郡帯」がある。中央構造線の北側には、片麻岩主体の領家帯が分布している。内帯の特徴としては中生代後期の花崗岩が広く分布しているという特徴がある。

②西南日本外帯

中央構造線の南側には結晶片岩主体の「三波川帯」、さらに南にペルム紀からジュラ紀にかけて付加した「秩父帯」が帯状に分布し、またその南に

は最も新しい中生代後期から第三紀の泥岩・砂岩を主とする付加体の「四万十帯」が見られる。

③東北日本

西南日本の帯状構造は方向を変え、阿武隈山地付近でさえぎられており、太平洋側では、北上山地と阿武隈山地に古生代中期から中生代後期の地層が付加体として分布する。中新世の溶岩・凝灰岩類はグリーンタフ（大谷石とも呼び、石材に利用）と呼ばれる変質して緑色を帯びている地層をなす。グリーンタフは、北陸から中国地方の日本海側、さらには北海道までの広がりを見せる。

④北海道

道央の中軸部は南北に走る帯と日高帯が分布し、道南は東北日本のグリーンタフの延長、道東は中生代の地層から形成されている。

■変成岩・変成帯とは

変成帯は変成岩で構成されている地質帯のことである。

変成岩とは大きな熱や圧力を受けて、岩石としての性質が変化したものをいう。日本は造山国といわれるほど火山や地震の多い国であり、それほど日本付近の地殻が大きな圧力や熱を受けている。

そのため、既存の岩石が圧力や熱を受けて変成岩となる。

変成岩は、原岩になった岩石の種類と、受けた変成作用の性質により分類される。変成岩は、ホルンフェルス、結晶質石灰岩（大理石）、ケイ岩などの接触変成岩と、千枚岩、結晶片岩、片麻岩などの広域変成岩とに大別される。

●日本列島地帯構造区分図

1	飛騨帯
2	飛騨外縁帯
3	三郡―蓮華帯
4	周防帯
5	秋吉帯
6	舞鶴帯
7	超丹波帯
8	丹波帯
9	美濃帯
10	領家帯
11	肥後帯
12	長崎帯
13	三波川帯
14	秩父帯
15	黒瀬川帯
16	四万十帯
17	足尾帯
18	上越帯
19	阿武隈帯
20	南部北上帯

21	根田茂帯
22	北部北上帯
23	空知―エゾ帯
24	神居古潭帯
25	日高帯・常呂帯
26	日高変成帯
27	根室帯

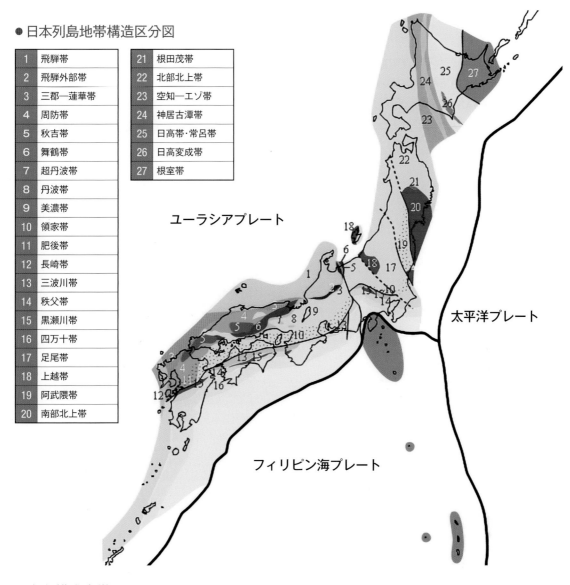

ユーラシアプレート

太平洋プレート

フィリピン海プレート

☆主な構成岩帯

- 伊豆～小笠原火山弧の第三紀以降の火山帯
- 新第三紀以降の付加体
- 第三紀の高温型変成岩
- 千島弧の白亜紀～新生代初めの堆積岩
- 白亜紀～古第三紀の付加体
- 白亜紀の高圧型変成岩
- 白亜紀の高温型変成岩
- ジュラ紀～白亜紀の付加体と堆積岩
- ジュラ紀（一部白亜紀）の付加体

- 下の各岩類を合わせたもの、またはその一部
- 三畳紀～ジュラ紀の高圧変成岩
- ペルム紀～三畳紀の堆積岩と苦鉄質～超苦鉄質岩
- ペルム紀の付加体
- ペルム紀～三畳紀（一部ジュラ紀）の付加体
- 石炭紀の高圧型変成岩、苦鉄質～超苦鉄質岩
- 前期石炭紀の付加体
- オルドビス紀～三畳紀の堆積岩・変成岩
- 原生代～古生代の変成岩・花崗岩

地質帯は習慣的に「○○帯」と呼ばれていて、代表的な地方名がつけられている例が多い。地質帯は西南日本では日本海側の方が古く、太平洋側に向かうにつれて新しくなる。最も古い時代の地質帯は能登半島から飛騨山脈付近の「飛騨帯」と隠岐諸島から日本海側に現れる「周防帯」。

（図版：産業技術総合研究所地質調査総合センター、ウェブサイトより）

■地質帯でわかる日本列島の歴史

では、地質帯を年代順に見ていくと、どうなるだろうか。古いものから順に見ていこう。

最も古い地質は「飛騨帯」と「隠岐帯」でいずれも先カンブリア時代（地球が誕生した約46億年前以降、5億4100万年前以前の期間）のものと考えられている。この「飛騨帯」「隠岐帯」では片麻岩などの変成岩で成り立っている。

その次に古いのが「秋吉帯」で、約3億〜2億年前に海洋島周辺でつくられたサンゴ礁の化石からなる石灰岩で形成されている。

約2億年前から3000万年前には、美濃—丹波帯ができる。これは海の底でできた堆積岩からなる。

さらに時代が下って約1.5億年前から5000万年前には、三波川帯が形成された。三波川帯は、高圧

力によって中の鉱物が再結晶化した岩石である「結晶片岩」という変成岩帯からできている。

そして、最も新しい地質帯は、約1億年前から3000万年前までに形成された「四万十帯」となる。四万十帯は、沖縄列島から九州南部、四国南部、紀伊半島、南アルプス、関東山地までをも含む1300kmも続く地質帯である。

これらの地質帯は、プレートの衝突によって圧力や熱を受けてできた変成岩や、付加体（海洋プレートが海溝で大陸プレートの下に沈み込む際に、海洋プレートの上の堆積物が剥ぎ取られ、陸側に付加したもの）を構成する泥岩や砂岩、あるいは海底でつくられる石灰岩やチャート、火山をつくる火山岩など、成因がさまざまな岩石によって形成される。

●地質帯の形成された時代年表

地質年代（年前）	累代	代	紀	主な地質帯・構成岩	主なできごと
258万年	顕生代	新生代	第四紀	上総層群	日本海が拡大する
			新第三紀	三浦層群 保田・嶺岡層群・高麗山層群・葉山層群	ヒトの祖先が誕生
2303万年			古第三紀	嶺岡オフィオライト 四万十帯南部	
6600万年		中生代	白亜紀	根室帯・常呂帯・日高帯 濃飛流紋岩 領家帯・御斎所帯・山陽帯・山陰帯 四万十帯 三波川帯 空知—エゾ帯 神居古潭帯 手取層群	恐竜の繁栄と絶滅
1億4500万年			ジュラ紀	美濃—丹波帯・秩父帯・北部北上帯 赤坂石灰岩 豊浦層群	
2億130万年			三畳紀	美祢層群 三郡帯 飛騨変成帯・飛騨花崗岩	
2億5220万年		古生代	ペルム紀	舞鶴帯・秋吉帯・超丹波帯	
2億9890万年			石炭紀	秋吉石灰岩 飛騨外縁帯・蓮華帯・南部北上帯	
3億5890万年			デボン紀	飛騨外縁帯	
4億1920万年			シルル紀		ゴンドワナ大陸の一部として日本の原型が形成
4億4340万年			オルドビス紀	氷上花崗岩 南部北上帯 飛騨外縁帯	日本最古の堆積岩が形成（4.7億年）
4億8540万年			カンブリア紀	飛騨外縁帯・大江山帯・黒瀬川帯	超大陸ゴンドワナが誕生（5.4億年）
5億4100万年		原生代		野母帯 隠岐帯・飛騨帯（花崗岩変質片麻岩）	超大陸ロディニアが誕生（10億年） 日本最古の岩石（20.5億年）
25億年		太古代			
40億年		冥王代			地球の誕生
46億年					

日本列島に関する代表的な地質学現象を、日本列島誕46億年前から現代まで、年代順に並べたもの。
数多くの地質学的現象が各時代にさまざまな地域で起こっていたことがわかる。

（技術教論社『理科の地図帳　日本の地形と気象が丸ごとわかる』を参考）

● 地質構造区分図で見る日本列島の成立道程

1 約13億～12億年前

飛騨帯や隠岐帯は、変成岩類で構成されるが、その中の「片麻岩」類の原岩が先カンブリア時代のものと推定される。

隠岐帯　飛騨帯

2 約3億～2億年前

秋吉帯は、主に約3億年前の海洋島周辺で形成されたサンゴ礁の化石を産する「石灰岩」からなる。

飛騨外縁帯
舞鶴帯　蓮華帯
秋吉帯　　　　　　　　　　南部北上帯
上越帯
平・母体帯
超丹波帯　　　日立－竹貫帯

3 約2億～3000万年前

美濃－丹波帯は約2億年前の海洋底で形成された「堆積岩」からなる。

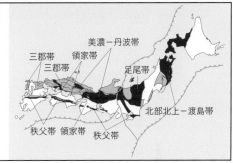

美濃－丹波帯
三郡帯　領家帯
三郡帯　　　　　足尾帯
北部北上－渡島帯
秩父帯　領家帯　秩父帯

4 約1.5億～5000万年前

三波川帯は、強い圧力を受けて岩石の中の鉱物が再結晶化した「結晶片岩」からなる変成岩帯。

御斎所帯
秩父帯　　　領家帯
三波川帯　　　三波川帯

5 約1億年前

空知－エゾ帯は、1.5億～8000万年前。四万十帯は1億～3000万年前に太平洋プレートの急速な沈み込みで形成された。写真は「粘板岩」。

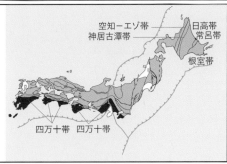

空知－エゾ帯　　　日高帯
神居古潭帯　　　　常呂帯
根室帯
四万十帯　四万十帯

（参考資料・神奈川県立生命の星・地球博物館2010年度特別展『日本列島20億年　その生い立ちを探る』解説書。写真提供・神奈川県立生命の星・地球博物館）

日本のテクトニクスがもたらす恩恵１

次世代エネルギー「メタンハイドレート」

▲人工のメタンハイドレート。火をつけると燃えるため「燃える氷」と呼ばれる。

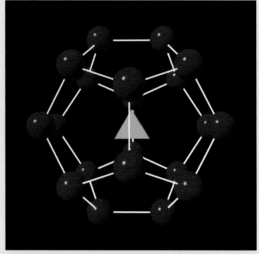

▲メタンハイドレートの構造モデル。水分子がつくるかご状構造の中に、メタン分子が取り込まれる。赤が水分子、緑がメタン分子。
［写真提供：「MH21-S 研究開発コンソーシアム」(MH21-S)］

「燃える氷」と呼ばれ、資源の少ない日本で次世代のエネルギー源と期待される「メタンハイドレート」。これには海底面近傍に存在する「表層型メタンハイドレート」と、海底面下500m以浅の泥と砂が交互に堆積した地層(砂泥互層)に存在する「砂層型メタンハイドレート」がある。ここでは砂層型メタンハイドレートについて取り上げる。

低温高圧の環境下に存在する

メタンハイドレートの「ハイドレート」とは水和物を意味し、メタンガスを含む氷状のものである。

この氷状のものに火を近づけると、驚くことに炎を上げて燃え始め、あとには水だけしか残らない。生成された人工のメタンハイドレートは白い氷のような物体だが、自然界においては砂質の堆積物の粒子の間に挟まれて存在するため、ほとんど土のように見える。

メタンハイドレートを構成するメタンは海底下の堆積層に生息する微生物により生成され、メタンハイドレートは海底下400～700mの「低温高圧化」の環境でしか存在することができない。そのため、海底下の地層の中であったり、永久凍土地帯の地層の中であったりといった特殊な環境下にしか存在しない。

メタンハイドレートは化石燃料として扱われるが、他の石油や石炭に比べてクリーンなエネルギーとして認識されている。

膨大な量が埋蔵されている日本近海

メタンハイドレードの調査は、音波を用いた物理探査によって行われる。音波の反射をとらえる方法で、反射法地震探査という。なぜメタンハイドレートを探す方法が「地震探査」なのかというと、次のような理由がある。

1960年代後半もしくは1970年代前半にかけて、地震探査記録の中に通常の地層の重なり方で

●日本周辺海域における BSR 分布図

BSR面積=約122,000㎢

● BSR（詳細調査により海域の一部に濃集帯が存在）。
約5,000㎢

● BSR（濃集帯を示唆する特徴が海域の一部に認められる）。
約61,000㎢

● BSR（濃集帯を示唆する特徴がない）。
約20,000㎢

● BSR（調査データが少ない）
約36,000㎢

◀日本周辺海域におけるBSR
（メタンハイドレートの存在
を示唆する海底擬似反射面）
の分布図。

世界で分布が予測される場所

▶世界のメタンハイドレート分布予測図。
メタンハイドレートは、海底下の地層
や永久凍土層の中に低温高圧の条件下
で広く分布している。

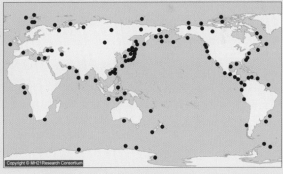

［図版提供：「MH21-S 研究開発コンソーシアム」（MH21-S）］

は説明できない「線」が現れることが知られてい
た。これは海底に平行して現れる記録なので「BSR
（Bottom Simulating Reflector：海底擬似反射面）」
と呼ばれていた。やがてBSRはメタンハイドレー
トの存在を示す反射面であることが研究によって
わかってきた。

そのため、BSRが存在する面積がメタンハイド
レートの存在の可能性がある場所といってよいこ
とになった。

つまり、地震探査の方法を用いて、メタンハイド
レートの調査、掘削を行っているということだ。

現在、技術的課題への対応策はおおむね検証でき
たが、想定どおりに生産量が安定増加しないなどの
課題が残されていて、今後の研究開発の進展が、大
いに期待されている。

日本のテクトニクスがもたらす恩恵 ②

火山と温泉・地熱

地殻における地球内部の活動は、地震や火山噴火によって多くの災害の要因になる一方で、人間に恵みをもたらしてくれるものでもある。火山活動を起こすマグマの活動によってできる温泉もその一つだ。火山と温泉はどのように分布しているのか、その関係を見ていこう。

温泉と火山の関係は？

温泉は1948年に制定された「温泉法」によって、「温泉源の温度が25度以上、またはリチウムイオンなど19種類の特定成分のうちいずれか一つを一定以上含むもの」と定義されるものとなった。

火山活動によって地下数kmから数十kmの比較的浅いところに1000℃以上ものマグマだまりができる。それによってまわりの岩石を温め、その間を通り抜けた地下水が温められる。これが地上に噴き出たものが温泉となる。こうした温泉を火山性温泉という（火山性温泉のほかに、非火山性温泉もある。これは温度が25℃に達していなくても鉱物の含有量で温泉と認められるため）。

図で示したように、25℃を超える温度の温泉の箇所を見てみると、温度分布には地域性があることがわかる。25℃以上の温泉は、火山フロント（海溝にいちばん近い火山を結んだ線＝火山前線）に集中していることが一目瞭然となっている。

日本の火山性温泉

日本には3000を超える温泉地があり、火山性温泉は、北海道から東北、伊豆にかけてと、九州に多く分布する。例えば、北海道の洞爺湖には温泉がなかったが、明治期に噴火したのちに温泉が噴き出して温泉地になった。十勝岳の吹上温泉は温泉の温度が下がった時期があったが、1962年の噴火後に温度が上昇して再び温泉地としてにぎわうようになった。

東北には酸ヶ湯（青森）、玉川（秋田）があり、関東には那須（栃木）、箱根（神奈川）がある。東海では熱海と伊豆（いずれも静岡）という2大温泉地を抱えている。

また、九州においては別府（大分）や雲仙（長崎）など日本有数の温泉地があり、どれも火山性温泉に数えられる。

最近では都市部地下1000mもの深部での温泉掘削も盛んである。これは地球は地下深くになればなるほど、地温が上昇するので、地下水が暖められ、それを温泉として利用するもの。ただしこれは火山活動とは無縁で、正確には「非火山性温泉」である。

マグマだまりが生み出す地熱発電

火山地域の地下にはマグマだまりができており、周辺の岩石を温めている。地表に降った雨や川の水がこの岩石の割れ目にしみ込み、お湯や蒸気となってたまっている箇所がある。こうした場所を「地熱貯留層」という。

地表から穴を掘っていき、地熱貯留層にまで達すると、高温・高熱の蒸気を取り出すことができる。その蒸気を使って発電するのが「地熱発電」である。

日本では1966年に、最初の本格的な地熱発電所として、岩手県八幡平市にある松川地熱発電所がつくられた。

現在では、東北地方や九州地方の火山地帯を中心に多く立地しており、全国の地熱発電所の発電出力を合計すると約52万kW、発電電力量は2559GWh（2015年度）となり、日本の電力需要の約0.3％をまかなっていることになる。国内最大の発電所は大分県の八丁原発電所で、11万2000kWを生み出す。

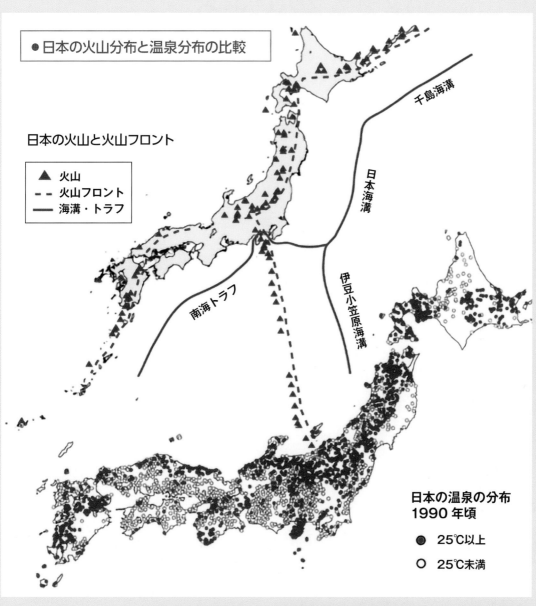

● 日本の火山分布と温泉分布の比較

日本の火山と火山フロント

▲	火山
- - -	火山フロント
──	海溝・トラフ

千島海溝

日本海溝

伊豆小笠原海溝

南海トラフ

日本の温泉の分布
1990年頃

◉ 25℃以上
○ 25℃未満

（神奈川県温泉地学研究所提供：日本温泉協会出版『温泉　自然と文化』より大山正雄氏作図引用）

群馬県草津温泉の「湯畑」

19 地震のメカニズムに迫る

東日本大震災を引き起こした東北地方太平洋沖地震では、前震、本震、余震という言葉がよく聞かれた。地震が発生すると、その地震が発生した場所で、それよりも規模の小さな地震が多く起こることがよくある。最初の地震を本震、それに続く小さな地震を余震という。「余震」はどのようにして起こるのだろうか。

■前震、本震、余震の3つのパターン

ひとたび地震が起きると、時間の経過にともなってその後も小さな地震が起きやすくなる。一連の地震活動を追ったパターンで見ると、大きく3つに分類することができる。「本震―余震」型、「前震―本震―余震」型、「群発」型である。下図は、宮城内陸地震「本震―余震」型の例だが、これらの地震の活動パターンを模式的に表すとP81、83の図のようになる。

●「本震―余震」型の地震活動の例（2008年岩手・宮城内陸地震）

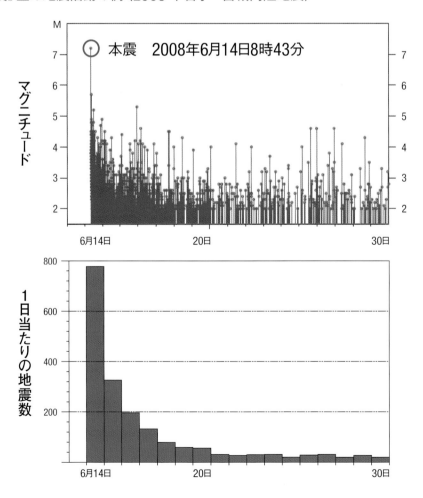

● 地震数の時間変化の模式図（本震―余震型、前震―本震―余震型）

本震―余震型

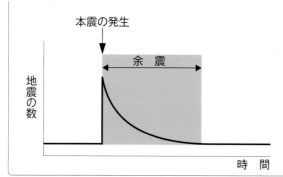

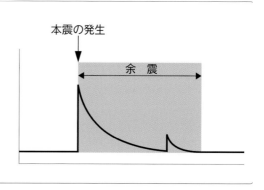

前震―本震―余震型

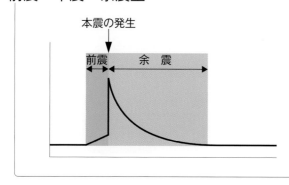

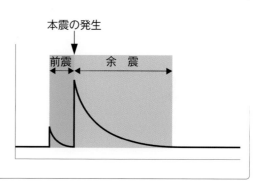

（図版はいずれも文部科学省「地震がわかるQ＆A」より）

1「本震―余震」型

このタイプの地震活動では、最初にマグニチュード大きなな地震が発生し、その後、規模の小さな地震が多く起こるパターンを示す。この最大規模の地震を「本震」、それより小さな規模の地震を「余震」という。

余震の規模はさまざまだが、このうち最も規模の大きなものを「最大余震」という。最大余震は、一般的には本震よりもマグニチュードが1以上小さいことが多いが、本震の規模が大きい場合は、余震でも被害が生じるほど規模が大きいこともある。

余震は、本震の発生後、時間の経過とともに発生頻度は徐々に少なくなっていくことや、本震の規模（マグニチュード）が大きければ大きいほど、余震が収まるまでの期間が長くなる傾向があることがわかっている。

2「前震―本震―余震」型

一部の地震活動の中には、本震が発生するより前に、本震の震源域となる領域で地震が発生することがあり、それを「前震」という。

このような地震活動のパターンを「前震―本震―余震」型という。

前震は、多くの場合、規模も小さく数も少ないが、多数発生して被害をおよぼすこともある。また、前震は本震の直前～数日前に発生することが多いが、1か月以上前から発生することもある。

ただし、際立った特徴がなく、普段発生している規模の小さな地震と区別がつきにくいため、本震が発生するより前に前震かどうかを判断することは、現状では難しい。そのため、本震が発生してから過去の小さな規模の地震を指して前震であると判断されることが多い。

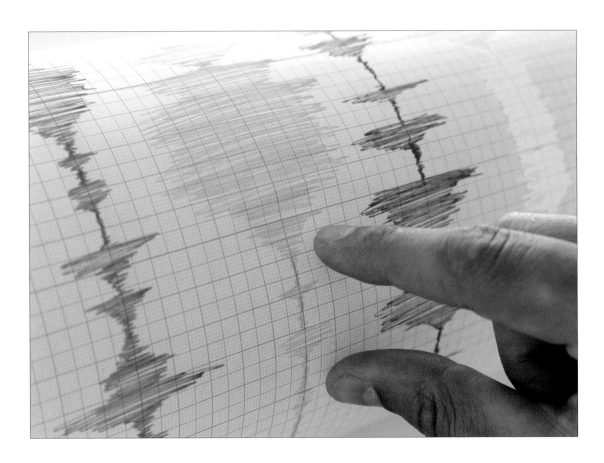

3「群発」型

　前震・本震・余震の区別がはっきりせず、ある期間に同じくらいの規模の地震が、比較的狭い地域に断続的に発生する地震のタイプを「群発」型の地震という。

　群発地震は、最大でも中規模クラスの地震が、ある期間に比較的狭い地域で集中的に発生する。

　本震－余震型の地震活動の場合は、余震の回数は時間とともにある程度規則的に減少するが、群発地震活動の場合は、規模の大きな地震がいきなり発生するわけではなく、震源が浅く規模の小さい地震活動が激しくなったり、弱まったりしながらある一定期間続くという特徴がある。

　群発地震活動では、個々の地震の規模はM6より大きくなることはまれだが、M5〜6程度の中規模クラスの地震が発生して局所的に被害を生じさせることがある。例えば、長野県の「松代群発地震」は1965年から数年間も続いたことでよく知られており、有感地震は6万回を超えた。

　その後も1978年に起こった伊豆半島東方沖群発地震、2000年に発生した伊豆諸島群発地震が有名である。これらの群発地震は、火山の周辺で発生していることが多く、マグマが岩盤内へ貫入したことによって継続的に発生した火山性の地震と考えられている。

松代群発地震

　1965年8月から長野市松代を中心に発生した群発地震が松代群発地震である。終息した1970年末までに松代で有感地震は6万2821回を数え、体に感じない地震を含めた総回数は74万回を超えた。その中で最大の地震は、1966年4月5日17時51分に起きたM5.4だった。建物の損壊、地割れや地すべり、大量の湧水（ゆうすい）や地盤の隆起などがあった。湧水には農作物に適さない含有物が含まれており、生育・収量に被害があった。

● 地震数の時間変化の模式図（群発型）

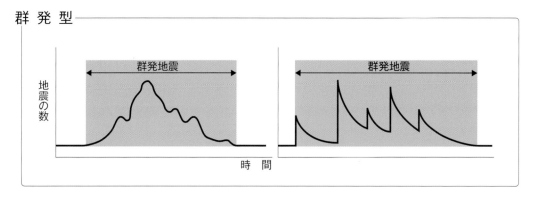

● 「群発」型の地震活動の例（2000年伊豆半島群発地震）

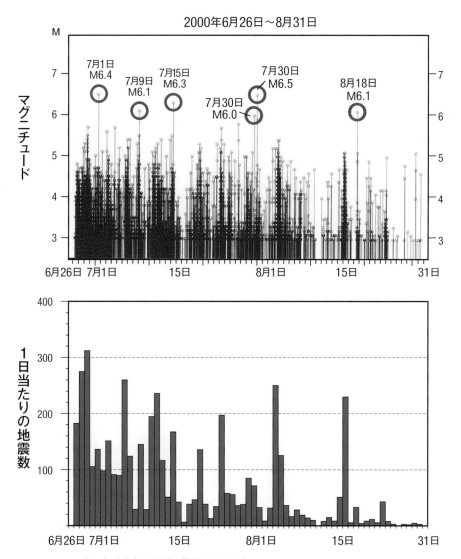

（データは気象庁のM3以上の震源データによる）

（図版はいずれも文部科学省「地震がわかるQ＆A」より）

20 地震活動の周期性

大地震は、長期間の周期によって起こると考えられている。この周期性を把握することができれば、「いつ」「どこで」「どれくらい」の地震が発生するか、予知の可能性に近づくことができる。大規模な地震は、どの程度の間隔で起きるのか、地震のメカニズムをもとに考えてみよう。

■長期の間隔で発生する地震

地震の発生頻度は、トレンチ調査（※）を行った結果、プレート境界付近で発生する海溝型地震は、数十年から数百年程度の間隔で発生することがわかった。一方、陸域の活断層で発生する地震は数千～数万年という比較的長期間の間隔で発生すると考えられている。

地震はプレート運動でひずみが蓄えられることで起きるため、マントルの活動が一定であるとすれば、プレート運動でのひずみも一定の間隔で蓄えられると考えることができるからだ。

もちろん、プレート境界ごとに岩盤中にひずみが蓄えられる速度や、岩盤がひずみに耐えられる強度も違っているが、それぞれの断層ごとについて見れば、同じような規模の地震がほぼ同じ間隔で発生すると考えることができる。これは地震を記録した古文書の解読によっても、およそ確からしい。

ある地点の地震活動の周期性を定められる精度が高まれば高まるほど、地震予知の足掛かりができる。

ある断層またはその一部を震源とする最大規模の地震が、ほぼ同じ大きさでほぼ同じ繰り返し頻度で発生することを、「固有地震モデル」という。

※活断層の過去の活動の様子や変位量を調べるために、活断層の通過地点やその活動があったと予測できる地点において、深さ約数m程度の溝を掘り、その壁面に見られる地層の綿密な観察を行うこと。

● 活断層の間欠的な活動の模式図

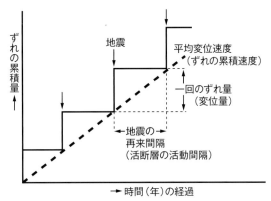

実際の活動は、それぞれの再来間隔が完全に等しくなく、ある程度のばらつきを持っている。

（松田時彦氏 1998 年研修会講義資料より）

● 南海トラフの地震発生間隔

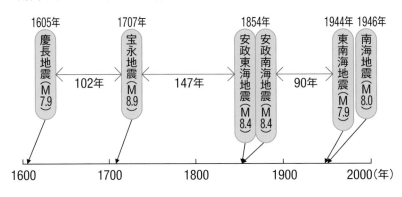

南海トラフでは、歴史の記録により100年程度の間隔で地震が発生している。

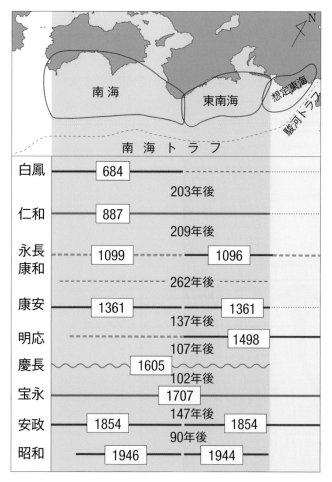

● 歴史資料などから推定された
　東海・南海・東南海・南海地震の周期

── は確実。

…… は可能性が高い。

…… は可能性がある。

〜〜 は津波地震。

── は連動を示す。

細い……… は不明を意味する。

[Ishibashi（2004）をもとに作成
国立研究開発法人海洋研究開発機構]

● 丹那断層の地震発生間隔

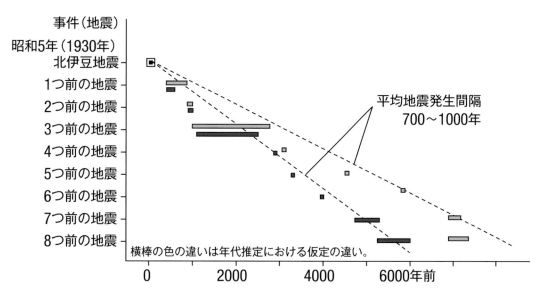

丹那断層では、トレンチ調査により9回の過去の活動が読み取れ、その発生間隔は平均して700〜1000年と推定された。
（地震の年代は丹那断層発掘調査研究グループ、1983年）

（図版は文部科学省「地震がわかるQ＆A」より）

21 地震の揺れと地盤の関係

地震によって起こる地表の揺れは、地震の規模によって決まるわけではなく、地表付近の地盤の状況などによって大きく変わってくる。ある地点がどれくらい揺れやすいのかは、あらゆる角度から検証が必要になる。揺れやすさを決める要素にはどんなものがあるのだろうか。

●地下構造と揺れの増幅との関係を表す模式図

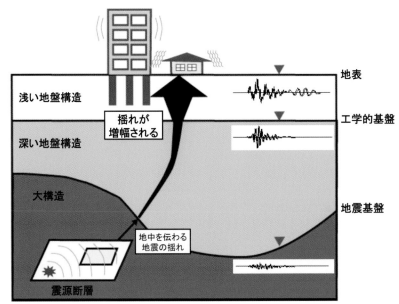

（政府／地震調査研究推進本部、愛知工業大学　入倉孝次郎氏提供）

■揺れやすさを決める要素とは

地震による地表の揺れやすさは、一般的に地表付近の地盤の硬軟によるところが大きい。軟弱な地盤の場所では、硬い地盤の場所に比べて揺れは大きくなる。また、地下の深い部分の地盤の構造によっても、揺れ方の振幅に差が出ることもある。こうした現象は、地震波が硬い岩盤から軟らかい岩盤に伝わるときに振幅が大きくなることや、地震波が屈折したり反射したりすることによって重なり合って増幅されるという、地震波の性質によるものである。

地盤の状況は、浅い箇所については地形から判断することができるし、深い箇所についてはボーリング調査などから知ることができる。

■軟らかい地盤が揺れやすい

地震波は、地下の構造によって屈折や反射をして、互いに影響し合って複雑なものとなって地表に届く。

例えば、平野では地下の岩盤の上に軟らかい砂や粘土が堆積していることが多く、比較的軟らかな地盤となる。こうした堆積層は、関東では平野の地下3〜4km、大阪平野では1〜2kmまで堆積層が重なっている。盆地も同様である。そのため、平地や盆地は山間部に比べて地震時の揺れが大きくなる傾向がある。

また、かつて海だった場所や、川が流れていた場所などでも地盤が軟らかいため、揺れは大きくなる。

● 1995年兵庫県南部地震の際に見られた震災の帯

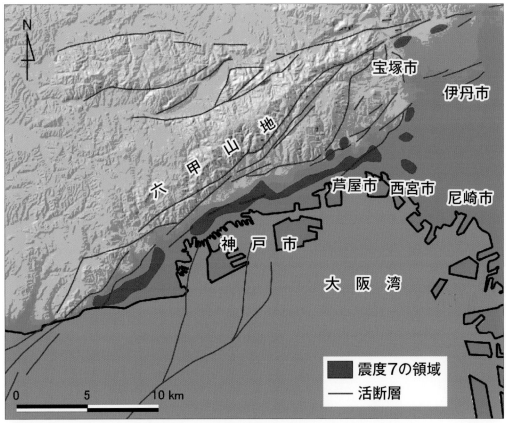

宝塚市
伊丹市
六甲山地
芦屋市 西宮市 尼崎市
神戸市
大阪湾

| ■ 震度7の領域 |
| — 活断層 |

0　　　5　　　10 km

1995年の兵庫県南部地震（阪神淡路大震災）では、阪神地区で揺れの大きかった地域が帯状に分布する。
いわゆる「震災の帯」と呼ばれる現象が発生した。この原因は、平野の軟らかい地盤により増幅された地震波と、
硬い岩盤から成る六甲山地から伝わった地震波が重なり、帯状の地域で揺れが増幅されたものと考えられる。

（文部科学省「地震がわかるＱ＆Ａ」より）

■地震でどれくらい揺れるのか

　日本で発生する地震で大きな揺れが続く時間は、一般的には短いもので数秒、長いもので1分程度であることがほとんどだ。

　東北地方太平洋沖地震では、一説には160秒もの間、強い揺れが観測されたとされている。阪神淡路大震災を引き起こした兵庫県南部地震が30秒であるから、それよりも5倍も長い時間揺れていたことになる。

　ある地点での揺れの大きさは、地震そのものの規模に比例するわけではなく、震源からの位置や地下構造によってかなり違いが出る。また、長周期地震動（P88参照）のように、地震の周期によって揺れが増幅されて大きな揺れになることもある。

■「どれくらい揺れやすいか？」を知るには

　自分の住む土地がどれくらい揺れやすいかは、各都道府県が「ゆれやすさマップ」にしてまとめており、内閣府のHPからまとめて見ることができる。

　また、朝日新聞が公開している「災害大国 揺れやすい地盤」というインターネットサイトがある。これは「都道府県」「市区町村」「丁目」までの3項目を選択すれば、揺れやすさが0.5～3.0までの数値によって示される。また、地形の種類なども「丘陵」「台地」「谷底低地」「砂州」という具合に表示されるようになっている。住所を入力するだけのシンプルなものなので、一度住んでいる場所の住所で検索してみるとよいだろう。

● 岩盤と軟弱地盤地下構造

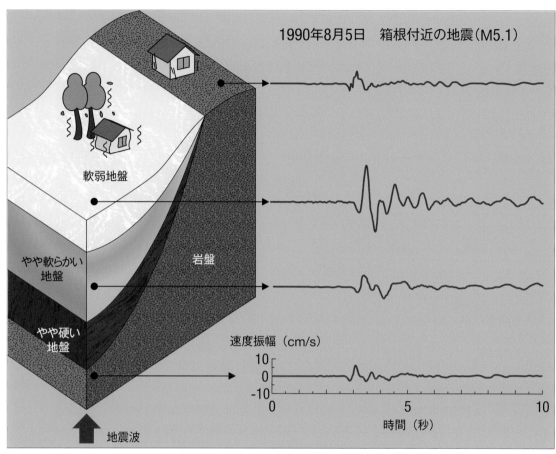

1990年8月5日　箱根付近の地震（M5.1）

軟弱地盤

やや軟らかい
地盤

岩盤

やや硬い
地盤

速度振幅（cm/s）

時間（秒）

地震波

図は岩盤と軟弱な地盤を含む地下の構造を簡略化しているが、地震の記録は実際に観測されたもの。
軟弱地盤では、岩盤に比べ振幅が約3倍に達しており、揺れている時間も長いことがわかる。

（文部科学省「地震がわかるＱ＆Ａ」より　工藤一嘉氏の図をもとに作成）

■「長周期地震動」とは何か

　規模の大きな地震は発生すると、通常の揺れに比べて、数十秒程度の長時間の地震動が発生することがある。これを長周期地震動という。

　「周期」とは、揺れが1往復するのにかかる時間のこと。東北地方太平洋沖地震のようなマグニチュードの大きい地震が発生すると、周期の長いゆっくりとした大きな揺れ（地震動）が生じる。

　長周期地震動では、震源から遠く離れた箇所でも揺れが伝わりやすい性質がある。また、震源から離れていても大きな振幅が観測されるという特徴もある。

　建物には、固有の揺れやすい周期（固有周期）があり、地震波の周期と建物の固有周期が一致すると「共振」して、より長時間、大きく揺れる。

　1923年の大正関東地震のときにも周期5秒を超える揺れが大きかったことが確認されているが、当時は高層建築物が少なかったことから、あまり注目されなかった。しかし、現在では都市部で多くの高層建築物があるため、影響が懸念されるようになった。

　長周期地震動によって高層ビルほど大きく長く揺れる可能性があるため、室内の家具や家電などが転倒・移動したり、エレベーターが故障したりすることがある。

● 長周期地震動の階級　　大きな地震で生じる、周期（揺れが1往復するのにかかる時間）が長い大きな揺れのことを「長
周期地震動」という。これは大きく長時間揺れ続けるだけでなく、遠くまで伝わりやすい性質
があり、地震発生場所から数百km離れたところでも大きく長く揺れることがある。長周期地
震動の揺れの大きさは「震度」とは別の「階級」で表示される。

（気象庁資料より）

※震度はP108〜109を参照。

● 長い時間、揺れが続いた例

1995年兵庫県南部地震（神戸市中央区）

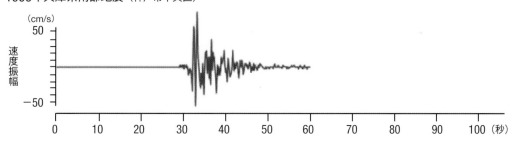

1995年兵庫県南部地震の際、神戸市では大きな揺れが十数秒間続いた。
その中でも特に大きな揺れは、4〜5秒間だった。

2003年 十勝沖地震（苫小牧市）

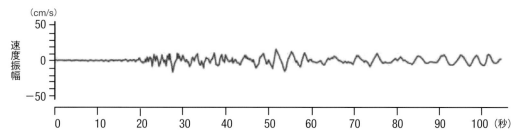

2003年十勝沖地震の際、長周期地震動が観測された苫小牧市では、3分近くも揺れが続いた。

（文部科学省「地震がわかるQ＆A」より）

22 津波のメカニズム

断層運動が起こると、地表が揺れることによる直接的な影響だけでなく、津波、液状化現象、土砂災害などによるさまざまな災害をもたらす。特に津波は、沿岸地域に甚大な影響を引き起こす。津波が発生するメカニズムについて詳しく見てみよう。

■津波はなぜ起こるのか

海底下で断層運動が起こると、海底地形が隆起したり、沈降したりすることがある。その反動を受けて海水が上下に変動する。この変動が放射状に広がったものが津波である。

津波は、海底で起こる地震によって起こるだけでなく、海底火山の噴火、海底の地すべり、海岸付近での大規模な崩壊によっても発生する。

津波のスピードは、水深が深いほど速く、浅いほど遅くなる。ただし、浅い海では津波のスピードは遅くなるかわりに、波高が急激に高くなるという性質がある。

なぜ浅い沿岸に近づくと、波高が急激に高くなるのかといえば、波の先頭がしだいに減速し、そこへあとから来た波が追いついて重なるためである。また、波高は地震の大きさだけでなく、海底や海岸線の地形によっても大きく左右される。

■1万8000km離れても津波は来る

津波は日本周辺で起こった地震のみを契機とするのではなく、遠く離れた地で起こった地震を発端として発生する場合がある。

例えば、1960年5月22日19時11分14秒（UTC：協定世界時）に南米チリ沖でM9.5の巨大地震が起きた。

そのときには、その地震による津波は太平洋全域に達し、23日から24日にかけて、震源から1万8000km離れた日本に津波が到達した。特に地震発生から約22時間半後に三陸海岸に押し寄せた津波は最大で6.1mにおよび、多くの死傷者を含む、大きな被害が発生した。

■東北地方太平洋沖地震の津波

東北地方太平洋沖地震では、震源域が長さ500km、幅200kmと極めて大きかったため、震源の真上の海底地形は水平方向に24mも移動したことがわかっている。垂直方向にも約3m隆起したことで、巨大な津波が発生したと考えられている。

■過去の大津波を引き起こした地震

過去には地震による揺れはさほど大きなものではなかったのに、巨大な津波が襲った例がある。1896年6月15日に発生した三陸沖地震がそれだ。

三陸沖約150kmを震源とするM8.2の規模の地

● 波の高さ

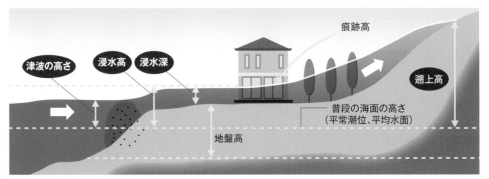

（図版・資料：気象庁）

震が起こった。地震発生35分後にまず第1波が到達、その8分後に第2波が襲ってきた。第1波と第2波が重なったこの津波の波高は38mにも達した。これにより家屋流出、全半壊1万軒という被害を出し、死亡者数は2万1959人にものぼった。

　津波の波高は、地形の状況など複雑な要因が絡んで予測不能の事態を引き起こすことの証左となった。

■津波の速度はジェット機並み

　津波は「tsunami」として国際語になっている。1946年にアリューシャン列島で発生した地震による津波が、太平洋を伝わりハワイに甚大な被害をもたらしたことがきっかけとなって英語にとり入れられたのが始まりである。

　では、津波はどれくらいの速さで伝わるのか。

　津波とふつうの波（波浪）の大きな違いは、波浪が表面の海水だけが動く表面波であるのに対し、津波は海底から海面までのすべての水が動くことである。波には寄せては返すという周期があるが、波浪の場合、その周期は1秒から30秒程度である。

　一方、津波の周期は非常に長く、数分から数十分である。また、津波は波長も非常に長く、数百mから数百kmにおよぶ。

　津波の波高は、沖で数十cmから数mだが、岸に近づくと急速に高まるのは、津波の速さと関係がある。

　津波の速さを計算してみると、海の平均の深さ4000mでは、720km/時となる。これはジェット機に迫る速さである。1960年にチリ沖で発生した津波の、平均の速さは約777km/時であった。なお、水深が浅いと速さは低下する。例えば水深40mの場合は72km/時と格段に遅い。

■津波の前に潮が引く？

　東北地方太平洋沖地震が起こったとき「津波の前には必ず潮が引く」という言い伝えがあるが、必ずしもそうではない。 地震を発生させた地下の断層の傾きや方向によって、引き潮が発生しないこともある。また、津波が発生した場所と海岸との位置関係によっては、潮が引くことなく最初に大きな波が海岸に押し寄せる場合もある。

●津波発生の模式図

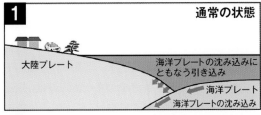

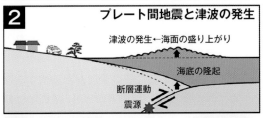

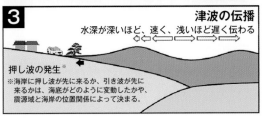

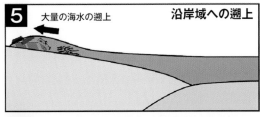

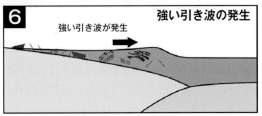

● 津波警報

種類	発表基準	発表される津波の高さ		想定される被害と取るべき行動
		数値での発表 (津波の高さ予想の区分)	巨大地震の場合 発表	
大津波警報	予想される津波の高さが高いところで3mを超える場合。	10m超 (10m<予想高さ) 10m (5m<予想高さ≦10m) 5m (3m<予想高さ≦5m)	巨大	木造家屋が全壊・流出し、人は津波による流れに巻き込まれる。ただちに海岸や川沿いから離れ、高台や避難ビルなど安全な場所に避難すること。
津波警報	予想される津波の高さが高いところで1mを超え、3m以下の場合。	3m (1m<予想高さ≦5m)	高い	標高の低いところでは津波が襲い、浸水被害が発生する。人は津波による流れに巻き込まれる。ただちに海岸や川沿いから離れ、高台や避難ビルなど安全な場所へ避難すること。
津波注意報	予想される津波の高さが高いところで0.2m以上、1m以下の場合であって、津波による災害のおそれがある場合。	1m (0.2m≦予想高さ≦1m)	(表記しない)	海の中では人は速い流れに巻き込まれ、また、養殖いかだが流出したり、小型船舶が転覆する。ただちに海から上がって海岸から離れること。

■ 東日本大震災が被害甚大になった理由

東北地方太平洋沖地震では、建物の倒壊による被害よりも津波によるもののほうが圧倒的に多かった。その原因はこの地震の発生メカニズムが関係している。

東北地方太平洋沖地震は、東北地方が乗っている大陸プレートが、日本海溝に沈み込む太平洋プレートによって引きずられることにより、蓄積したひずみが断層運動によって解放された「プレート境界型」地震であった。

この地震によって、津波の最高遡上高は岩手県大船渡市綾里湾で確認された40mだった。遡上高が20mを超える津波は岩手県北部から宮城県南部までの約200km、10mを超える津波は南北約530kmにわたって押し寄せていることが確認されている。

東北地方太平洋沖地震による断層すべりモデルと、さまざまな観測データから、プレート境界のやや深い部分のすべりによって発生した津波は、まず比較的長周期の波長を持った第一波となってゆるやかに海面を上昇させ、続く第二波は、短周期かつ振幅の大きな津波であり、日本海溝付近の浅い部分が大きくすべったことによって発生したもので、短時間で海面が急上昇したと考えられている。

つまり、初めに波長の長い津波がゆるやかな水位上昇で平野部奥深くまで浸水させ、その後の短い波長の津波によって、短時間に高い海面上昇をもたらしたのがこの津波であった。

そのため、三陸海岸ばかりではなく、仙台平野など平野部にも海水が進入し、甚大な被害をもたらす津波となったのである。

● 隆起と沈降のメカニズム

　東北地方太平洋沖地震では、海底で隆起と沈降が広範囲で起こった。沈んだ部分は「引き波」となり、持ち上がった部分は「押し波」として海岸に到達する。引き波とは海面の水位が下がることをいい、押し波は波が押し寄せること。地震のときに大きくずれて動く領域（固着域）が陸から遠い場合は、最初に引き波が現れる。

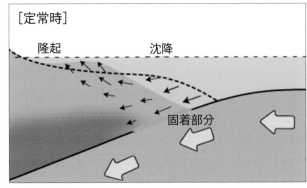

［定常時］
隆起　　　　　　沈降
固着部分

【定常時】固着部分の上は沈降し、固着下端より内陸側は隆起する。

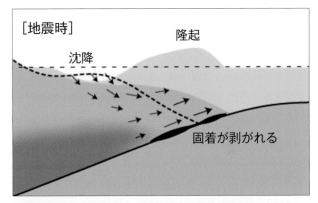

［地震時］
　　　　　　　　　隆起
沈降
固着が剥がれる

【地震時】沈降と隆起が逆転し、海面は海底の隆起・沈降分だけ上下する。固着域が陸から遠い場合には、沈降にともなう引き波が最初に現れる。

（参考資料：静岡大学理学部／生田領野氏）

● 津波の伝わる速さと高さ

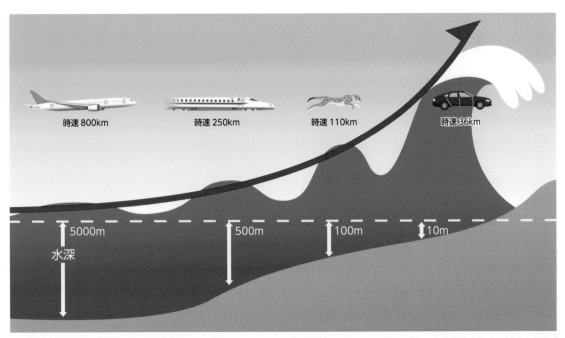

時速800km　　時速250km　　時速110km　　時速36km

5000m　　　500m　　100m　　10m
水深

　津波は、海が深いほど速く伝わる性質があり、沖合いではジェット機に匹敵する速さで伝わる。逆に、水深が浅くなるほど速さが遅くなるため、津波が陸地に近づくにつれ後から来る波が前の津波に追いつき、波高が高くなる。海岸付近で地震の揺れを感じたら、または津波警報が発表されたら、実際に津波が見えなくても、速やかに避難すること。

（図版・資料：気象庁）

23 液状化現象

地震が起きると、水分を多く含んだ地盤では液状化現象が起きることがある。日本の海岸付近の埋立地など水を多く含む地盤の地域では液状化現象が発生しやすい。液状化現象が起きると、家が傾くなど大きな被害をもたらすこともある。

■液状化現象の発生メカニズム

埋立地のような地盤では、砂と砂の間に水分（間隙水）が多く含まれている。このような地盤では、通常は砂粒同士が支え合い、その間を水分が隙間を埋めるようにして存在することで地盤自体を安定させている。

だが地震が起きると、地震動によって砂粒の間にある水の圧力が高まり、砂の粒子の積み重なりが崩れる。その結果、地盤が泥水のような状態になり、砂の粒子が水に浮いた状態になる。

これを「液状化」といい、砂を含んだ水が地表に噴出する。

液状化が起こると建物を支える力が失われて、ビルや橋梁のような地表の重い建物は沈み、マンホールなど地中の軽いものや中空のものは浮き上がる。

一方、噴出しなかった砂は、以前よりコンパクトに詰まった状態になるため、地盤は沈下するが、固まって以前より安定する。

ただし再び地震が発生した場合、液状化現象が再発することが多い。

液状化が発生しやすい場所は、埋め立て地だけではなく、地下水位の高い、ゆるく堆積した砂地盤などでも起こる。

海沿いの低湿地で発生しやすいと思われているが、条件を満たせばどこでも発生する可能性がある。例えば、干拓地や昔の河道を埋めた土地、砂丘や砂州の間の低地などでは比較的、液状化現象が発生する可能性が高い。

■液状化現象でどんな被害が出るのか

地盤の液状化が起きると、地盤の沈下、地中のタンクやマンホールの浮き上がり、建築物の傾き・転倒などの被害が発生する。

● 1964年に発生した新潟地震の際には、4階建て鉄筋コンクリートの建物が地盤の液状化により転倒するなどの被害があった。
● 1995年の兵庫県南部地震や2011年の東北地方太平洋沖地震の際にも、埋立地などで大規模な液状化現象が発生し、建造物などに大きな影響を与えた。
● 東北地方太平洋沖地震の際、特に千葉県では大規模な液状化現象が起こった。浦安などでは道路やライフラインなどが大きな被害を受けた。

そして前述したように、一度、液状化現象が起こった地盤では、再び液状化が起こる可能性が高いと考えられている。これを再液状化という。

液状化現象が起きると、地盤が沈下する。これによってある程度、地盤は締め固められるが、液状化しないための固さにはおよばない。そのため、一度、液状化現象が起こった場所では将来的に再び液状化現象が起きる可能性がある。

そこで、過去に液状化した場所かどうかを知ることは、液状化の危険性を計る上で一つの目安となる。東北地方太平洋沖地震では、本震で液状化した場所が、余震において再び液状化した例が確認されている。

● 液状化現象

液状化現象で沈み込んだ線路（サンフランシスコ地震・1906年）

● 液状化現象の模式図

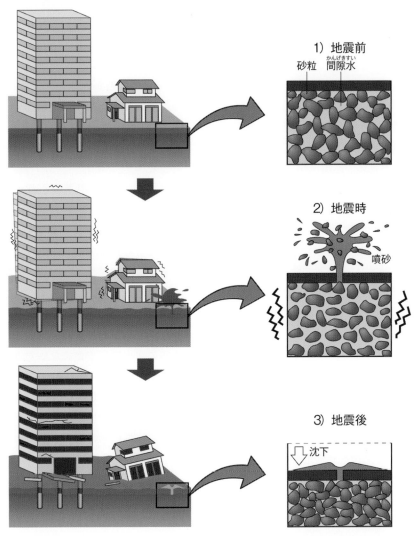

1）地震前
砂粒　間隙水（かんげきすい）

2）地震時
噴砂

3）地震後
沈下

（文部科学省「地震がわかるＱ＆Ａ」より）

95

24 土砂災害

大きな地震が発生し、ある程度起伏のある地形に地震動による強い力が加わると、斜面崩壊や土砂流出などが発生する。地震に端を発する災害は、揺れを直接的な原因とするものだけでなく、土砂による災害も大きなものとなる。

■地震によっておこる土砂災害

土砂災害は大雨だけでなく、地震動を理由としても起こる。一般的に降雨による斜面崩壊は、地層の表層物質が厚く堆積して凹型となった斜面に、周囲から水が多く集まったことによって地盤が緩められて起こることが多い。

一方、地震動による斜面崩壊は反対に、凸型の斜面で発生することが多い。振動が凸部分に集中しやすいからだ。

地震動による斜面崩壊は、雨による崩壊はあまり起こらない傾斜10〜20度の緩い斜面でも起こり、降雨時よりも広い範囲で崩壊が起こる。

1792年の島原半島の地震（M6.4）による眉山の崩壊や1984年の長野県西部地震（M6.8）での斜面崩壊が有名だ。

この長野県西部地震では、地震発生直後に周辺の各地で大規模な斜面崩壊が発生した。とくに御岳山頂の南部で発生した斜面崩壊は規模が大きく、大量の土砂が流出した。この土砂は土石流となって14kmも流下し、王龍川をせき止めて湖を形成したほどだった。

また2008年の岩手・宮城内陸地震（M7.2）では、中山間地をとりまくあらゆる生活道路が斜面崩壊による土砂によって寸断され、被災者が孤立する事態となった。

さらには、地すべりやがけ崩れにより、山間から流出した土砂が河川をせき止める河道閉塞という現象も起こった。

■地震による斜面崩壊や地すべり

地震によって山体が崩壊した際に出た大量の土砂が、谷の堆積物や水を含んで土石流となって流下すると、被害が拡大することがある。

また、斜面崩壊や土石流などが発生した場合、前述した河道閉塞によって河川をせき止めるだけでなく、それによって河川の決壊・氾濫を引き起こす場合もある。

1847年の善光寺地震（M7.4）では、山崩れにより犀川がせき止められたことで、周辺地域が水没したが、その後、せき止められたことによってできた湖も決壊して下流域に甚大な被害が生じることとなった。

また、地震動が引き金となって、大規模な地すべりが起こることもある。

1995年の兵庫県南部地震でも地すべりが生じ、神戸側の丘陵地域では、地すべりにともなう亀裂による被害が起きた。

こうした斜面崩壊や地すべりなどは、本震で起こることもあれば、本震後の余震や降雨などにより発生することもある。

本震によって不安定になった地盤が、余震の揺れや降雨によってさらに弱まるためである。

また斜面崩壊や地すべりは、地域的な地質、地形、地下水の状況などの自然的な要素がその発生の下地になっているため、起こりやすい地域とそうでない地域がある。

そのため各都道府県では、そうした区域を特定して公表し、警戒を呼び掛けている。

● 地すべりによる土砂災害

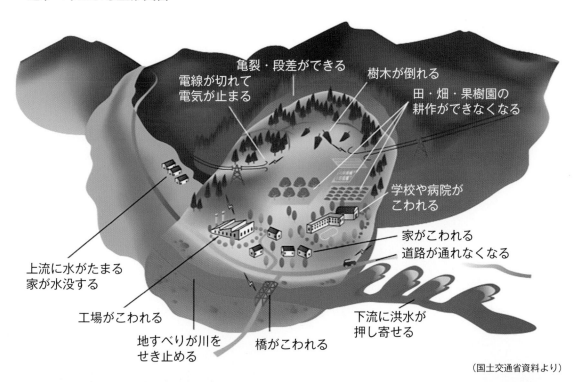

電線が切れて
電気が止まる

亀裂・段差ができる

樹木が倒れる

田・畑・果樹園の
耕作ができなくなる

学校や病院が
こわれる

家がこわれる
道路が通れなくなる

上流に水がたまる
家が水没する

工場がこわれる

地すべりが川を
せき止める

橋がこわれる

下流に洪水が
押し寄せる

（国土交通省資料より）

土石流に襲われて街の機能がマヒ！（2009年10月、イタリア・シチリア島のジャンピエーリスーペリア）

「いざ」のときに備える①
自宅に備えておくとよい備蓄品

・避難所に持っていくものと、自宅に備えておくものは別にしておく。

・自宅で過ごさなければならない場合を想定。

飲料水	1人1日3ℓが目安。 飲み水だけで最低3〜4ℓを確保。
非常食	普段、冷蔵庫に入っている分に加え、プラス4日分、計1週間分を用意。 レトルト食品、インスタント食品、クラッカー、缶詰など。 おすすめはパスタと青汁。
医薬品	常備薬、三角巾（さんかくきん）、包帯、ガーゼ、脱脂綿、絆創膏（ばんそうこう）、ハサミ、ピンセット、 消毒薬、整腸剤、持病のある人のための薬
衣類	重ね着のできる衣類、防寒具、毛布、下着類、靴下、軍手、雨具、カイロ
停電対策	懐中電灯、ランタン、ろうそく、マッチ、携帯ラジオ、 予備の電池、携帯充電器
緊急時の 避難・救助用	笛、コンパス、ナイフ、ロープ、懐中電灯、 シャベル、バール・ノコギリなどの工具類
長期避難用の アウトドアグッズ	燃料、卓上コンロ、ガスボンベ、固体燃料、調理器具、寝袋、洗面用具、 トイレットペーパー、古新聞紙、バケツ、ラップ、ビニールシート、 携帯トイレ、簡易トイレ、紙袋、ビニール袋

Chapter 3

地震の予測と
防災体制

　地震による災害を軽減する方策は古くから講じられ、地震や津波への
備えを謳（うた）った伝承・口承も数多く残されてきた。しかし、東日本大震災
の例でも見られるように、その教訓が必ずしも生かされているとはいえ
ない。また地震予測の方法も日々、進歩しているが、現状では被害を完
全に防ぐのは難しいのが現状。

　そこで可能な限り、地震に強く、復興がしやすいインフラ整備が求め
られるようになり、建造物の耐震化、避難計画などが策定されている。
特に人口・政治経済が集中する都市での地震対策が重要な課題で、今後、
地震にどう向き合うか、政府や公共機関だけでなく、個々人の危機意識
の醸成が急務となっている。

地震予測はどこまで可能か

地震がいつどこで、どれくらいの規模で起こるのかを事前に知ることができれば、災害の程度を大幅に軽減することができる。そのために、さまざまな分野から地震予知の研究が進められているが、現時点ではどのくらい地震予測は可能になったのだろうか。

■ 予測と準備で災害を "未然に" 防ぐ

地震予測とは、「地震がいつ、どこで、どれくらいの規模で起こるのかを、事前に科学的根拠に基づいて予測すること」である。

予知や予測は、それによって事前に準備をすることで災害を未然に防いだり、軽減させるために行うものであるから、地震の起こる時間、場所、大きさの3つの要素を精度よく限定して予測しなければ意味がない。

逆にいえば、場所を広範囲に設定したり、時間をあいまいにして長期間の幅を持たせればたいてい当てることができる。

例えば、「1年以内に、日本のどこかでM5の地震が起こる」という予測であれば、おそらく当たるはずである。

しかし、それでは地震予測としては十分ではないだろう。

地震を予測するということは、少なくとも「1週間以内に、東京直下で、M6〜7の地震が発生する」という具合に限定されている必要がある。だが現在の科学的知見からは、時と場所、規模を限定するような確度の高い地震の予測は難しいと考えられている。

■「時間予測」モデルとは何か

過去の地震の間隔と規模の大きさの関係から、次の地震が起きるおおよその時期を特定しようとする研究がある。つまり、大きな地震の後では次の地震までの間隔が長く、小さな地震の後では間隔が短いという性質を利用した予測であり、これを時間予測モデルという。

地震はプレート境界でたまったひずみが限界に達したとき、ひずみを解消するために断層運動をすることで発生することであるから、前回の地震で解放されたひずみが大きいほど、次の地震が起きるレベルまでひずみがたまる時間が長くなるといえる。

時間予測モデルによる次の地震までの間隔の推定は、平均発生間隔のみを用いた手法に比べ、物理学的な背景を加えたモデルになっており、発生時期の推定精度が高いと言われている。

地震調査委員会では、南海トラフの長期評価において、時間予測モデルを用いている。南海トラフでは、断層のずれの量の代わりに高知県の室津港の隆起量を用いている。時間予測モデルを使うと、次の地震までの間隔は88.2年となる。

■ 津波を予測することはできるのか？

地震によってもたらされる災害のうち、大きな要因を占める津波についても、予測の研究が進められている。

津波の予測は、地震が起こったあと、いつ、どの程度の津波が到達するかを予測するものだが、地震が起こってからでは日本近海での地震に対応できないため、あらかじめ津波を発生させる可能性のある断層を設定して津波の数値シミュレーションを行い、その結果を津波予報データベースとして蓄積している。

実際に地震が発生すると、このデータベースから、発生した地震の位置や規模などに対応する予測結果を即座に検索して津波警報・注意報につなげている。

■地殻変動をモニターして地震を感知

すでに述べているように、地震は、蓄積されたひずみのストレスが限界に達したところで起こる。

そして地震が発生するまでの期間には、プレート運動によって生まれたひずみが、地殻変動として現れる。つまり、地震が発生した際には、震源域とその周辺で急激な地殻変動が生じるということである。

しかし、地震が発生するまでの期間の地殻変動は、せいぜい年間で数cm程度であるため、人間が日常生活を送る上で感知することはできない。そのため、さまざまな方法で地殻変動を検知できるようにしている。

地殻変動の観測は、例えばかつては平面位置を求める測量（三角測量など）によっていたが、1990年代以降はGNSS（Global Navigation Satellite System／全球測位衛星システム）によって、効率的、かつほぼ連続的に実施できるようになった。GNSSは、アメリカのGPS、日本の準天頂衛星（QZSS）、ロシアのGLONASS、欧州連合のGalileoなどの衛星測位システムの総称である。

この中でも一般に馴染みが深いのは「GPS（Global Positioning System）」であろう。アメリカで航空機・船舶などの航法支援用として開発されたシステムで、上空約2万kmを周回するGPS衛星（6軌道面に30個配置）、GPS衛星の追跡と管制を行う管制局、測位を行うための利用者の受信機で構成され、航空機や船舶などは、4個以上のGPS衛星からの距離を同時に知ることによって、現在の自分の位置などを把握できる。GPS衛星からの距離は、GPS衛星から発信された電波が受信機に到達するまでに要した時間から求められ、衛星から発信される電波には、衛星の軌道情報・原子時計の正確な時間情報などが含まれている。

こうした仕組みなどを応用して、地殻変動なども把握できる。下の図の矢印は、GPS測点が地震によって水平方向にどう動いたか（移動方向と移動量）を表している。赤い★印は震源位置である。

また、潮位（海水面の高さ）を求めることにより海岸の隆起や沈降を長期的に観測されてもいる。地下のトンネルなどを利用して地面の伸び・縮みや傾きの変化の精密な観測も行われている。

さらに近年では、電波の届かない海底での地殻変動を調べるために、GNSSと音響を結合させた方式による観測も行われている。

これは、海底に機器を設置し、海上との音波交信を通じて海上局と海底局との距離を測定する方法である。

● 東北地方太平洋沖地震にともなう地殻変動（水平）

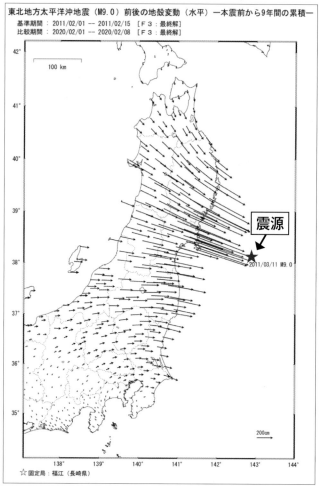

東北地方太平洋沖地震（M9.0）前後の地殻変動（水平）―本震前から9年間の累積―
基準期間：2011/02/01 ―― 2011/02/15 ［F3：最終解］
比較期間：2020/02/01 ―― 2020/02/08 ［F3：最終解］

震源
2011/03/11 M9.0

100 km

200cm

☆ 固定局：福江（長崎県）

（図版：国土地理院）

26 地震多発国ニッポン・富士山の標高が変わる?

　2011年3月11日に発生した東北地方太平洋沖地震(東日本大震災)では、東日本の広い地域にわたって大規模な地殻変動が生じた。通常、地殻が動く距離は年間で数mmから数cm程度。

　ところがこのとき、宮城県女川町江ノ島では東南方向に約6mも地盤が動いたと報告されている。それどころか、この影響で富士山の標高も低くなった可能性があるという。

■「日本水準原点」が沈下

　地殻変動とは、地殻に強い力がかかることによって、岩石や地層がずれたり曲がったり、持ち上がったりする現象。この地震では石巻市牡鹿で1.4mもの大きな地盤沈下が観測された。

　そればかりか、海上保安庁の調査では、この地震によって震源のほぼ真上の宮城県沖の海底が、東南東に約24m動いたことが明らかになった。

　この移動量は、陸上で検出された移動量の4倍以上に相当し、震源域である海域は、陸上よりもはるかに大きな動きがあったことがわかった。

　また「日本水準原点」が沈下した。日本では「東京湾平均海面」といわれる、東京湾の潮の満ち引きを測った平均値を算出し、これを高さの基準(0m)としている。例えば富士山の標高3776mは、東京湾平均海面から測ったものである。

　このように、土地の高さは東京湾平均海面を基準とするが、便宜的に地上のどこかに高さの基準となる点を表示しておく必要がある。

　そのため1891年に「日本水準原点」が設けられた。現在の東京都千代田区永田町1-1-2にあるそれは、「東京湾の平均海面上から測った24.500m」と決められた。しかし、その後の関東大震災によって永田町一帯の地盤が沈下したことから、日本水準原点は24.4140mに改められた。

　そして今回の東北地方太平洋沖地震によってさらに沈下し、24.3900mと改められた。

　ではこれを当てはめると、富士山の高さはどうなるのか?　厳密に適用すると低くなるはずだが、

国土地理院は「標高を変更する予定はない」としているので、富士山の標高は従来通りである。

　ただし、大きな地殻変動があった東北地方の太平洋側地域では基準点の数値を改定している。

　また国土地理院によると、震災後は水平方向の基準となる「日本経緯度原点」(東京都港区麻布台2-18-1)も東に26.5cm移動したという。

　ちなみに国土地理医院では地球上の位置や海面からの高さを測定した「基準点」を活用して、全国の地殻変動を監視している。「基準点」は、地図の作成や各種の測量の基準になるもので、「三角点」「水準点」「電子基準点」の3つがある。

- 三角点:山の頂上や見晴らしの良いところに設置されていて、経度、緯度を正確に求める基準になる。
- 水準点:全国の主要国道などに約2kmごとに設置。土地の高さをmm単位で測定できる。
- 電子基準点:GPS衛星からの電波を連続して受信する基準点。全国に約1200点が約20km間隔で設置されている。

●日本水準原点庫　　●日本経緯度原点

夜明けの山中湖から見た富士山

● 平均海面と標高

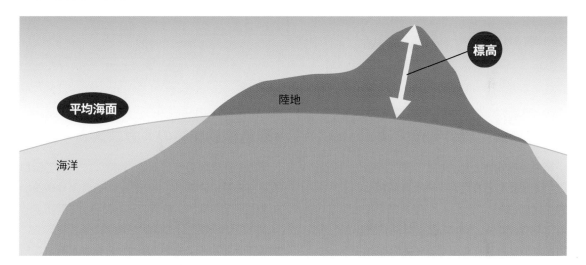

● 地震発生後の地殻変動観測

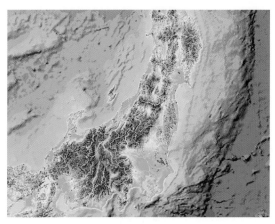

【地震発生前】

【地震発生後】

2万倍に誇張して表現されているため正確な地図ではないが、まるで牡鹿半島が太平洋に引っ張られているように見える。

（画像提供・国土地理院）

27 緊急地震速報の仕組み

地震を予知することは難しくても、地震が起こったあとに、すぐさま規模などを知ることができれば、災害の軽減も可能になる。そのため、気象庁では全国に地震観測網を張り巡らせている。

災害時の対応に生かすためには、そもそも緊急地震速報とはどんなものなのかを知っておく必要がある。

● 緊急地震速報

緊急地震速報には、大きく分けて「警報」と「予報」の2種類がある。「警報」の中でも予想震度が大きいものを「特別警報」に位置づけている。

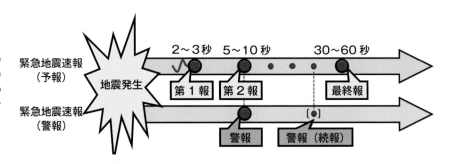

■緊急地震速報の発信方法

緊急地震速報とは、地震の発生直後に、震源に近い地震計でとらえたデータを解析し、震源や地震の規模（マグニチュード）をただちに推定し、それに基づいて強い揺れの到達時刻や震度を予想し、可能な限り素早く知らせる情報のこと。

この速報をもとに強い揺れが訪れる前に自らの身を守ったり、列車や自動車のスピードを落としたり、工場などで機械の制御を行うなどして被害を最小限にする行動をとることができる。

気象庁は、最大震度が5弱以上と予想された場合に、震度4以上が予想される地域を対象に緊急地震速報（警報）を発表する。また、マグニチュードが3.5以上または最大予測震度が3以上である場合には、緊急地震速報（予報）を発表する。

緊急地震速報は、2006年からテレビ・ラジオで実施が始まっている。また、防災無線による放送、さらには携帯電話への配信、各施設内での館内放送でも実施されている。

現在、携帯電話の同報機能を使用して緊急地震速報を配信しているのは、NTTドコモ、au、ソフトバンク、ワイモバイルの4社となっている。

■緊急地震速報のメカニズム

緊急地震速報の仕組みは、地震波によって伝わる速度の速いP波（初期微動）と、それよりも遅いS波（主要動）のうち、P波のみをとらえて解析する。

現在ではP波だけで震源や地震の規模を即座に解析できるようになったため、S波が到達する前に緊急地震速報として発表することができるようになった。

2006年10月から気象庁で解析したデータをもとに速やかにテレビなどを通じて周知するシステムが構築された。

これによって、防災関係機関、交通機関、公共施設などで、主要な被害をもたらすS波が到達する前に事前対応を行うことで、地震による被害を防止・軽減することが期待できる。

ただし、震源地に近い箇所では速報が間に合わないことがある。緊急地震速報を発表してから強い揺れが到達するまでの時間は、数秒から長くても数十秒程度と極めて短いからだ。

また、ごく短時間のデータだけを使った速報であることから、予測された震度に誤差をともなうなどの限界もある。

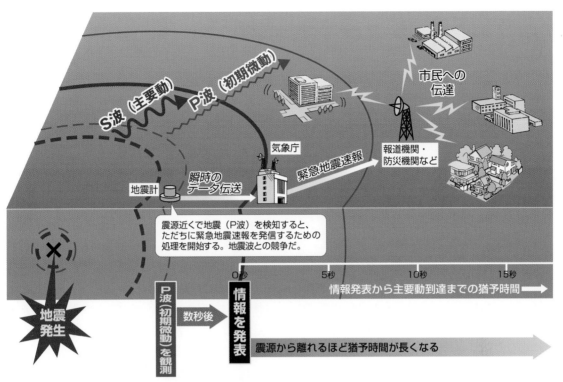

・「緊急地震速報」は、震源近くで地震（P波、初期微動）をキャッチし、位置、規模、想定される揺れの強さを自動計算する。
　地震による強い揺れ（S波、主要動）が始まる数秒～数十秒前に、素早く知らせる。
・ただし、震源に近い地域では、「緊急地震速報」が強い揺れに間に合わないことがある。

緊急地震速報の仕組み

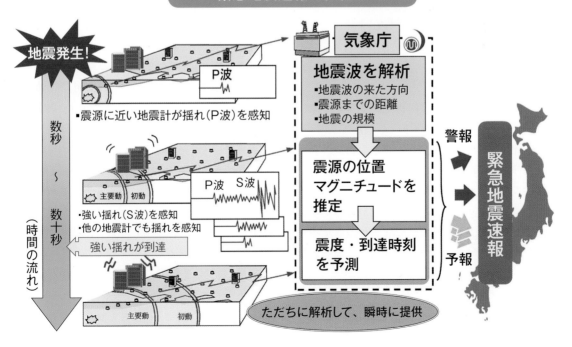

（図版・資料／気象庁）

28 マグニチュードと震度

地震が起きると「マグニチュード」と「震度」が報道される。
マグニチュードは地震の規模であり、震度は揺れの大きさを示す単位で
ある。マグニチュードや震度はどのようにして求められているのだろうか。
これらの数値の意味を知って、避難行動に役立てることが必要だ。

■地震の規模の算出法

マグニチュードは、震源域で発生した断層運動
そのものの規模を表す尺度である。地震の規模を
表すともいわれる。マグニチュードは、地下でず
れた断層面の大きさが大きければ大きいほど、ず
れの量が大きければ大きいほど数値は大きくなる。
断層運動によって放出される地震波エネルギーを、
地震計の最大振幅などを使って間接的に表したも
のである。

一方、震度はある地点における揺れの大きさを
示す尺度である。断層運動の規模、すなわち地震
の規模を示すマグニチュードの尺度は一つだが、
震度はそれぞれの場所の揺れの大きさを示す尺度
であるため、地点ごとに算出される。

■マグニチュードとは

マグニチュードの単位はMを用いる。定義は、
震央から100km離れた地点に置かれた地震計（倍
率2800倍の標準地震計）に記録された最大片振幅
（a）を、マイクロメートル（1000μm＝1mm）の単
位にした値の常用対数としている。

少々わかりにくいが、この数式で計算した場合、
**「マグニチュードが1大きくなるとエネルギー
は約32倍に、マグニチュードが2大きくなるとエ
ネルギーは1000倍になる」**

ということを覚えておこう。つまりM8の震度
のエネルギーは、M6の震度の1000個分に当たる
ことになる。

一方の震度は、人が感じることのできない震度

0から、1、2、3、4、5弱、5強、6弱、6強、7の10段階
で表される。震度は気象庁が定めた日本独自のも
ので、一般に震央付近で最大の震度が観測される。

地震は放射線状に揺れが伝わるが、地表の揺れ
は地盤の状況や震源からの距離により異なるため、
場所ごとに揺れ具合に差が出る。場所ごとに揺れ
の大きさが計測され、震度が決められている。

■マグニチュードは何を示すのか

マグニチュードは、基本的に地震計による計測
の記録から求められている。ただし、使う震度計
の種類や計算方法がさまざまであるため、マグニ
チュードにもいくつかの種類がある。

かつて地震計がまだない時代に日本で発生した
地震は、被害の広がりから判断して震度が決めら
れていたが、現在では気象庁が震度計を用いて算
出した方法でマグニチュードを発表している。こ
れは日本で起こる地震の規模が無理なく表現でき
るように工夫されたものだ。その他にも、津波の
大きさから求められるマグニチュードもある。

津波の大きさは必ずしも地震の規模に比例しな
いため、地震のマグニチュードに不相応な大きな
津波が起きることもある。そのため、地震計によ
るマグニチュードよりも、津波によるマグニチュ
ードのほうが大きくなることがある。

また、最近は断層面の面積とずれの量などから
求められる物理的な指標であるモーメント・マグ
ニチュード（P109参照）もよく使用されるように
なっている。

エクアドル地震（2016年・M7.8）で倒壊した建物。

● 震度は揺れ方によって異なる

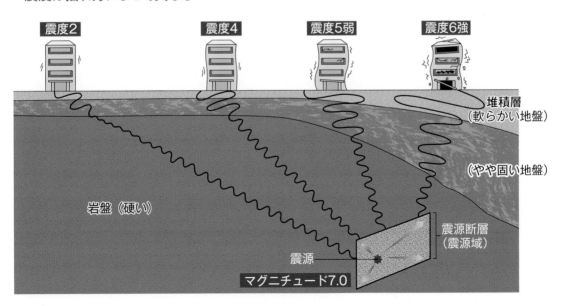

断層規模を表すマグニチュードは1つだが、揺れの大きさを示す震度は、場所によって異なる。
震源に近く地質が軟らかいところほど大きく揺れる。

（図版・資料／気象庁）

●震度表

震度0

●人は揺れを感じないが、地震計には記録される。

震度1

●屋内で静かにしている人の中には、揺れをわずかに感じる人がいる。

震度2

●屋内で静かにしている人の大半が揺れを感じる。
●眠っている人の中には目を覚ます人もいる。
●電灯などのつり下げ物がわずかに揺れる。

震度3

●屋内にいる人のほとんどが揺れを感じる。
●歩いている人の中には、揺れを感じる人もいる。
●眠っている人も大半の人が目を覚ます。
●棚にある食器類が音を立てることがある。

震度4

●ほとんどの人が驚く。歩いている人のほとんどが揺れを感じる。
●眠っている人のほとんどが目を覚ます。
●電灯などのつり下げ物は大きく揺れ、棚にある食器類は音を立てる。
●据わりの悪い置物が、倒れることがある。
●電線が大きく揺れる。
●自動車を運転していて、揺れに気づく人がいる。

震度5弱

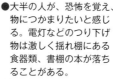
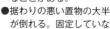

●大半の人が、恐怖を覚え、物につかまりたいと感じる。電灯などのつり下げ物は激しく揺れ棚にある食器類、書棚の本が落ちることがある。
●据わりの悪い置物の大半が倒れる。固定していない家具が移動することがあり、不安定なものは倒れることがある。
●まれに窓ガラスが割れて落ちることがある。
●電柱が揺れるのがわかる。
●道路に被害が生じることがある。

震度5強

●大半の人が物につかまらないと歩くことが難しいなど、行動に支障を感じる。
●棚にある食器類や書棚の本で落ちるものが多くなる。
●テレビが台から落ちることがある。
●固定していない家具が倒れることがある。
●窓ガラスが割れて落ちることがある。
●補強されていないブロック塀が崩れることがある。
●据付けが不十分な自動販売機が倒れることがある。
●自動車の運転が困難となり、停止する車もある。

震度6弱

●立っていることが困難になる。
●固定していない家具の大半が移動し倒れるものもある。
●ドアが開かなくなることがある。
●固定していない家具の大半が移動し倒れるものもある。
●ドアが開かなくなることがある。
●壁のタイルや窓ガラスが破損、落下することがある。

（気象庁震度関連解説表より図は一部編集：https://www.jma.go.jp/jma/kishou/know/shindo/shindo-gaiyo.png）

震度6強

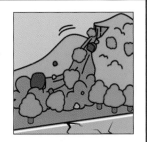

- 立っていることができず、はわないと動くことができない。
- 揺れにほんろうされ、動くこともできず、飛ばされることもある。
- 固定していない家具のほとんどが移動し、倒れるものが多くなる。
- 壁のタイルや窓ガラスが破損、落下する建物が多くなる。
- 補強されていないブロック塀のほとんどが崩れる。

震度7

- 立っていることができず、はわないと動くことができない。
- 揺れにほんろうされ、動くこともできず、飛ばされることもある。
- 固定していない家具のほとんどが移動したり倒れたりし、飛ぶこともある。
- 壁のタイルや窓ガラスが破損、落下する建物がさらに多くなる。
- 補強されているブロック塀も破損するものがある。

● マグニチュードと断層面の大きさ

色のついた長方形が推定された地震の断層面の大きさを表している。断層面の大きさを比較するために、並べた日本列島と同じ縮尺で描いてある。

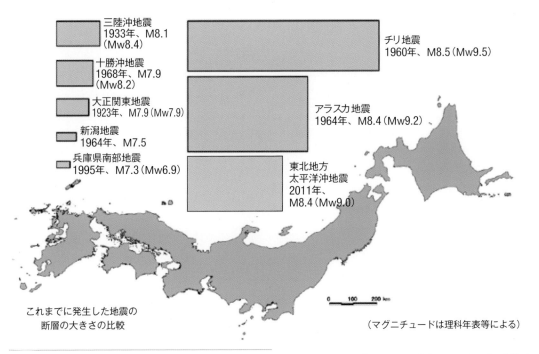

三陸沖地震
1933年、M8.1
(Mw8.4)

十勝沖地震
1968年、M7.9
(Mw8.2)

大正関東地震
1923年、M7.9(Mw7.9)

新潟地震
1964年、M7.5

兵庫県南部地震
1995年、M7.3(Mw6.9)

チリ地震
1960年、M8.5(Mw9.5)

アラスカ地震
1964年、M8.4(Mw9.2)

東北地方
太平洋沖地震
2011年、
M8.4(Mw9.0)

これまでに発生した地震の
断層の大きさの比較

（マグニチュードは理科年表等による）

■モーメントマグニチュードとは？

P35でも説明したが、もともとマグニチュードは1935年にアメリカのリヒターが考案したものである。だが、このマグニチュードは、巨大地震では小さめに計算されてしまうという欠点がある。

そこで、考え出されたのが「モーメントマグニチュード（Mw）である。

モーメントマグニチュードは、震源断層の断層面の面積とずれの量と岩盤の硬さから計算する方式である。巨大地震にも対応でき、現在国際的に用いられる指標となった。

1995年の兵庫県南部地震では、マグニチュードは7.3であったが、モーメントマグニチュードでは6.9と算出されている。また、2011年3月11日に発生した東北地方太平洋沖地震では、モーメントマグニチュードが適用され、M9.0と発表された。

29 地震波の「P波」「S波」とは？

地震が起こったとき、私たちが感じる揺れは、地震波という、地中を伝わってきた振動である。この地震波を解析することで、震源の場所や断層運動がどのように起こっているかなど、目には見えない地中の様子をつかむことができる。では、その地震波とはいったいどんなものなのだろうか。

■P波、S波とは何か

大きな地震が起きると、最初に「カタカタ」と小さく揺れ、そのあとに「ユラユラ」と大きな揺れを感じる。このときの「カタカタ」がP波で、「ユラユラ」をS波として観測することができる。

P波は「primary（初めの）wave」の意味、S波は「secondary（2番目の）wave」の意味で、地震波が伝わる順番を示している。

P波、S波にはそれぞれ次のような特性がある。

・P波（縦波）
①固体・液体・気体中を伝わる。
②S波より伝わる速度が速い。
③初期微動をもたらす。

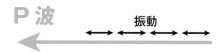

・S波（横波）
①固体中のみを伝わる。
②P波より伝わる速度が遅い。
③主要動をもたらす。

■P波とS波の特徴

地震が発生すると、まずP波が地表の地震計に到着し、初期微動として観測される。次にS波が到着し主要動として観測される。さらには地表のみを伝わる「表面波」が最後に到着し、主要動をさらに大きなものにする。

P波の到着からS波が到着するまでの時間を初期微動継続時間（P－S時間）といい、震源から遠い地点ほど初期微動継続時間は長くなる。

地震波には、地球内部に振動が伝わっていく「実体波」と、地球の表面に沿ってのみ振動が伝わる「表面波」とがあり、P波とS波は実体波に分類できる。

S波と表面波が主要動と呼ばれるのは、これらの揺れによって地震の被害がもたらされるからである。

また、P波は空気中や液体中も伝わる。地震の前に遠くから「地響き」のような音を感じることがあるが、それもP波によるものだ。海中を伝わって船舶に衝撃を与えることもある。

P波が個体だけでなく空気中や液体中も伝わるのは、媒介する物質の疎密を伝える縦波であるからだ。物質が疎になったり密になったりして波が伝わる。例えば、音波は空気中を伝わっていくが、それは空気が疎になったり密になったりして波として伝わっていくためだ。

これに対してS波は、媒介する物質の変形が揺れとして伝わる横波である。そのため、空気中や液体中では伝わらず、固体のみを伝わっていくというわけである。例えば、なわとびの一端を持って上下に振ったときの波が、横波の一種である。

● 地震波の記録

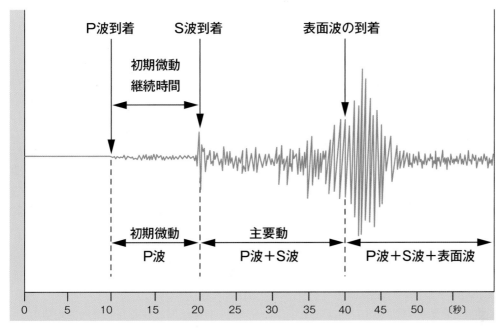

●「P波」と「S波」の模式図

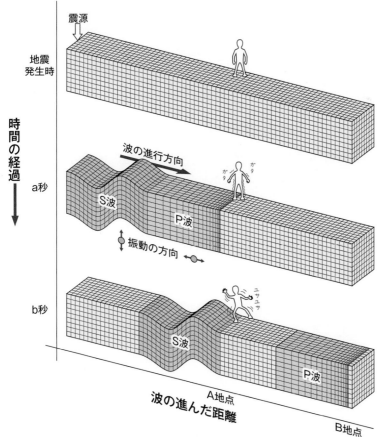

30 震源の位置をどう特定するのか

地震には、発生した場所として震源があり、その真上の地表には震央がある。地震は、震源から発生して、揺れが地表に伝わっていく現象である。震源を特定することは、地震の原因やその規模を分析することに役立つ。震源はどのようにして特定することができるのだろうか。

■震源までの距離の算出法

地震とは地下の地盤に力が加わり、耐え切れなくなったときに起こる地盤の崩壊現象である。この崩壊現象が起こった場所を震源といい、その領域を震源域という。基本的に地震の規模が大きくなるほど震源域も大きくなる。M8を超えるような巨大地震の場合、震源域は数百kmにおよぶこともある。

震源の位置は、P波とS波の伝わる速さの違いによって求められる。震源から遠い地点ほど初期微動継続時間が長いことから、逆に初期微動継続時間を観測することにより、震源までの距離を求めることができる。

初期微動継続時間は「S－P時間」であるから、これに日本の場合、比例定数として7.5秒を掛け算する。つまり、震源までの距離（km）を「d」、初期微動継続時間を「t」、比例定数を「k」とすると、次の式が成り立つ。

$d = kt$

これを大森公式という。

例えば、A地点における初期微動継続時間が6秒であった場合、$6 \times 7.5 = 45$kmとなり、A地点から震源までの距離は45kmと算出することができる。この方法で、3点以上の地点の初期微動時間から算出した震源からの距離を求めれば、重なる箇所が震源の位置と特定することができる。

●震源、震央、震源域の関係の模式図

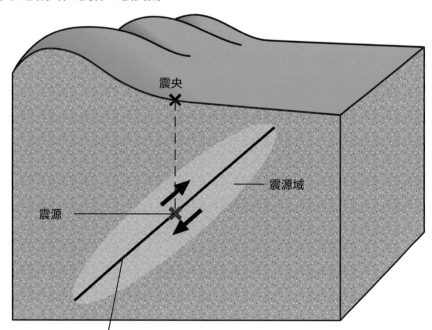

震央

震源域

震源

震源断層

（文部科学省「地震がわかるQ&A」より）

■震源域が大きな地震ほど規模が大きい

　一般には、震源は震央地名で表すことが多い。気象庁が地震発生直後に発表する情報等で用いる場合でも同様である。

　地震の規模（マグニチュード）が大きくなればなるほど、面的な広がりである震源域も広くなる。M4程度の地震では、幅、長さともに1km程度だが、M8程度の巨大地震では、幅数十km以上、長さ100km以上におよぶことがある。

　実際、1995年の兵庫県南部地震は規模がM7.3

で、淡路島の北端が震央とされ、北東から南西に延びる長さ40km、幅10kmが震源域とされた。

　規模がM9.0の東北地方太平洋沖地震（2011年）では、岩手県沖から茨城県沖まで南北500km、東西200kmにわたる、極めて広大な地域が震源域になったと見なされている。

　一般に震源から近い場所でより揺れが大きくなるが、地盤によって地表の揺れは大きく異なる。強固な地盤の上にある地表ではそれほどでもないが、軟らかな地盤を地震波が伝わると、地震波が増幅して大きな揺れになる。

● 簡単な震源の求め方

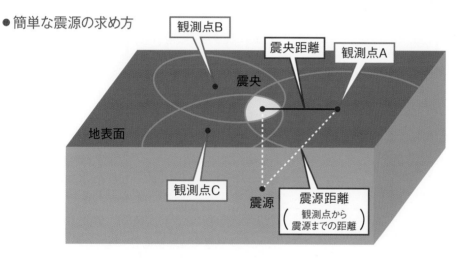

（図版・資料／気象庁）

● 兵庫県南部地震の震央と地表へ投影した震源域

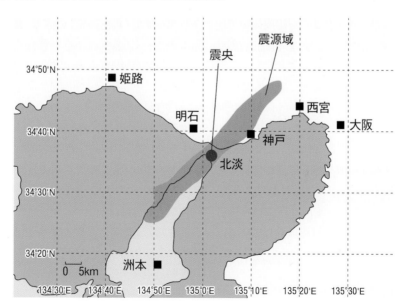

（文部科学省「地震がわかるQ&A」より）

31 地震情報の発表基準

緊急地震速報は、気象庁が全国に張り巡らせている観測網を集約して発表しているものであり、無用な警報は国民生活を混乱させるものであるから迅速かつ慎重さが求められる。緊急地震速報につながる地震情報の集約を気象庁ではどのように行っているのか、そのシステムを詳しく見ていこう。

● 防災体制

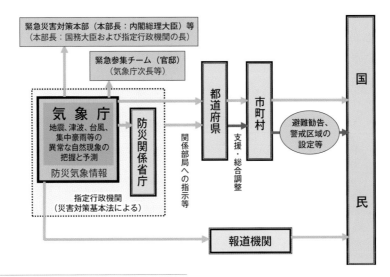

■気象庁の観測体制

地震による災害は、地震の揺れ（地震動）そのものによって起こるものと、地震を原因とする津波によって起こるものとがある。気象庁は、地震や津波による災害を軽減するため、24時間体制で地震と津波をモニターしており、発生時には観測結果にもとづく予測をすぐさま発表する。

地震発生時には、気象庁が全国に設置している地震計・震度計のデータを集約、分析して情報発信につなげている。

気象庁が全国約300か所に設置している地震計、国立研究開発法人防災科学技術研究所や各大学に設置されている地震計などを通じて地震を24時間監視している。また全国約670か所には地震の揺れの強さ（震度）を測る震度計を設置している。

■地震に関するさまざまな情報

気象庁が地震情報として発信しているのは、地震計、震度計などから観測した地震波形などのデータから推定した地震の位置、マグニチュードや観測した震度などの情報である。

P117の表中に示したように、地震情報には地震発生の約1分半後に震度3以上を観測した地域を知らせる「震度速報」のほか、震源の位置やマグニチュード、各地域や各市町村で観測された震度などを知らせる「震源・震度に関する情報」などがある。

こうした地震情報のもととなる観測においては、地面の揺れを的確に観測できるよう検定に合格した震度計を使用し、設置方法等にも基準を設けている。また、地方公共団体の震度計についても基準を満たすよう、地方気象台が技術的なアドバイスを行ってもいる。

さらに、高層ビルなど高層建築では長周期振動による影響が大きいため、長周期地震動階級などを知らせる「長周期地震動に関する観測情報」についても気象庁ホームページで提供することとしている。

●地震・津波に関する情報の作成および伝達の流れ

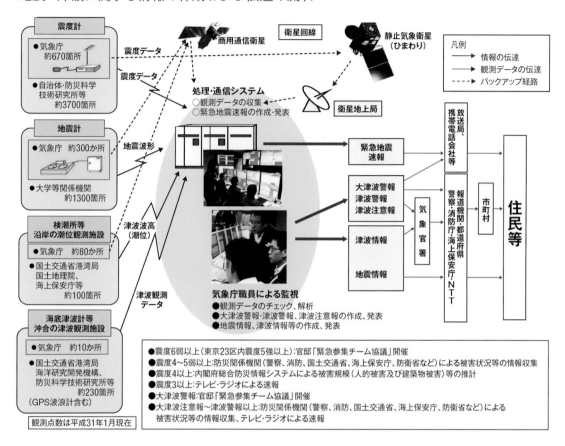

凡例
→ 情報の伝達
→ 観測データの伝達
----▶ バックアップ経路

震度計
- ●気象庁 約670箇所
- ●自治体・防災科学技術研究所等 約3700箇所

地震計
- ●気象庁 約300か所
- ●大学等関係機関 約1300箇所

検潮所等 沿岸の潮位観測施設
- ●気象庁 約80か所
- ●国土交通省港湾局 国土地理院、海上保安庁等 約100箇所

海底津波計等 沖合の津波観測施設
- ●気象庁 約10か所
- ●国土交通省港湾局 海洋研究開発機構、防災科学技術研究所等 約230箇所（GPS波浪計含む）

観測点数は平成31年1月現在

商用通信衛星　衛星回線　静止気象衛星（ひまわり）

震度データ　震度データ　地震波形　津波波高（潮位）　津波観測データ

処理・通信システム
○観測データの収集
○緊急地震速報の作成・発表

衛星地上局

気象庁職員による監視
- ●観測データのチェック、解析
- ●大津波警報・津波警報、津波注意報の作成、発表
- ●地震情報、津波情報等の作成、発表

緊急地震速報

大津波警報 津波警報 津波注意報

津波情報

地震情報

気象官署

放送局、携帯電話会社等

報道機関・都道府県 警察・消防・海上保安庁・NTT

市町村

住民等

- ●震度6弱以上（東京23区内震度5強以上）：官邸「緊急参集チーム協議」開催
- ●震度4～5弱以上：防災関係機関（警察、消防、国土交通省、海上保安庁、防衛省など）による被害状況等の情報収集
- ●震度4以上：内閣府総合防災情報システムによる被害規模（人的被害及び建築物被害）等の推計
- ●震度3以上：テレビ・ラジオによる速報
- ●大津波警報：官邸「緊急参集チーム協議」開催
- ●大津波注意報～津波警報以上：防災関係機関（警察、消防、国土交通省、海上保安庁、防衛省など）による被害状況等の情報収集、テレビ・ラジオによる速報

●「南海トラフ地震」に関する情報の基本的な流れ

観測・監視
24時間体制で地震計やひずみ計を用いて地震活動や地殻変動を観測・監視

評価・情報発表
原則として毎月1回「南海トラフ沿いの地震に関する評価検討会」を開催、地震発生の可能性を評価し、評価結果を定例の情報として発表

異常時
- ● 大規模地震の発生可能性の高まりを示すような現象を観測

●M8クラスの地震
? M8
➡隣接する領域でも大規模地震発生？

●M7クラスの地震
? M7 ?
➡さらなる大規模地震に？つながる？

●通常とは異なるゆっくりすべり
ゆっくりすべり ?
➡すべりが急速に進行し大規模地震発生？

● その他プレート境界の固着状態の変化を示唆する現象

調査・評価 ➡ 情報発表
観測した異常な現象について調査、また「南海トラフ沿いの地震に関する評価検討会」を臨時に開催。大規模な地震発生の可能性を評価し、**臨時の情報**を発表

Chapter1で解説した「南海トラフ地震」発生時の情報伝達の流れ。

ただし臨時の情報発表がないまま突発的に南海トラフ地震が発生する可能性もあり、また発生の可能性が高まって情報を発表した場合でも、すぐに地震が発生しない場合がある。

（図版・資料／気象庁）

● 気象庁の地震観測地図

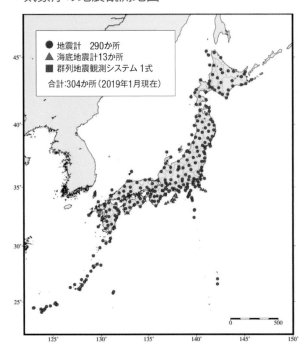

● 地震情報に活用している震度観測点

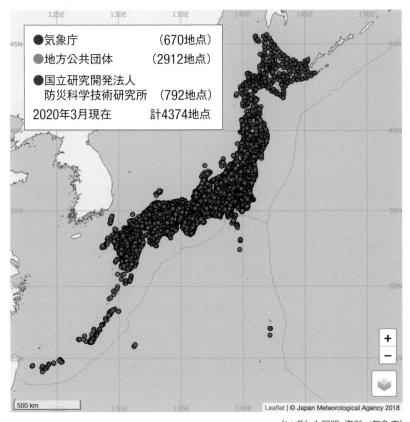

（いずれも図版・資料／気象庁）

https://www.data.jma.go.jp/svd/eqev/data/intens-st/index.html

● 地震情報

情報の種類	発表基準	内容
震度速報	● 震度3以上	地震発生約1分半後に、震度3以上を観測した地域名 (全国を188地域に区分)と地震の揺れの検知時刻を速報
震源に関する情報	● 震度3以上 (津波警報・注意報を発表した場合は発表しない)	「津波の心配ない」又は「若干の海面変動があるかもしれないが被害の心配はない」旨を付加して、地震の発生場所(震源)やその規模(マグニチュード)を発表
震源・震度に関する情報※1	● 震度3以上※2 ● 津波警報・注意報発表時 ● 若干の海面変動が予想された場合 ● 緊急地震速報(警報)発表時	地震の発生場所(震源)やその規模(マグニチュード)、震度3以上の地域名と市町村毎の観測した震度を発表 震度5弱以上と考えられる地域で、震度を入手していない地点がある場合は、その市町村名を発表
各地の震度に関する情報※1	震度1以上	震度1以上を観測した地点のほか、地震の発生場所(震源)やその規模(マグニチュード)を発表 震度5弱以上と考えられる地域で、震度を入手していない地点がある場合は、その地点名を発表 ※地震が多数発生した場合には、震度3以上についてのみ発表し、震度2以下の地震については、その発生回数を「その他の情報(地震回数に関する情報)」で発表
その他の情報	顕著な地震の震源要素を更新した場合や地震が多発した場合など	顕著な地震の震源要素更新のお知らせや地震が多発した場合の震度1以上を観測した地震回数情報等を発表
推計震度分布図	震度5弱以上	観測した各地の震度データをもとに、1キロm四方ごとに推計した震度(震度4以上)を図情報として発表
遠地地震に関する情報	国外で発生した地震について以下のいずれかを満たした場合等 ● マグニチュード7.0以上 ● 都市部など著しい被害が発生する可能性がある地域で規模の大きな地震を観測した場合	地震の発生時刻、発生場所(震源)やその規模(マグニチュード)を概ね30分以内に発表 日本や国外への津波の影響に関しても記述して発表

※1　気象庁防災情報XMLフォーマット電文では、「震源・震度に関する情報」と「各地の震度に関する情報」をまとめた形の一つの情報で提供する。
※2　気象庁ホームページでは「各地の震度に関する情報」とあわせて震度1以上で発表する。

■ 地震を知らせるシステム

　地震が発生すると地震波が発生する。前に述べたように、これには「P波」と「S波」があり、P波が速く、後から伝わるS波が大きな被害をもたらす。この速度の差を利用して、先に伝わるP波を検知した段階でS波が来ることを予測し、危険が迫っていることを知らせる。

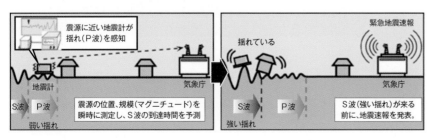

震源に近い地震計が揺れ(P波)を感知
地震計　気象庁
S波　P波　弱い揺れ
震源の位置、規模(マグニチュード)を瞬時に測定し、S波の到達時間を予測

揺れている　緊急地震速報　気象庁
S波　P波　強い揺れ
S波(強い揺れ)が来る前に、地震速報を発表。

P波:秒速約7km
S波:秒速約4km

■津波に関する情報

　気象庁では、地震によって発生した津波が日本沿岸に到達する可能性がある場合には、津波警報・注意報を発表する。同時に、津波の到達予想時刻や波高も合わせて発表する。

　また、気象庁や関係機関が、沿岸や沖合に設置した約410か所の観測施設のデータを活用して津波をモニターした情報をもとに、津波が観測されるとその観測結果を津波関連情報として発表する。津波に関する情報には、「津波警報・注意報」「津波情報」「津波予報」がある。

■津波警報・注意報

　気象庁では津波によって避難を促すことにつながる警報・注意報として「津波警報・注意報」を発表する。

　「津波警報」は、陸域で浸水などの重大な災害が起こるおそれのある高さ1〜3mの津波が予想される場合に出される。より甚大な被害となるおそれがある高さ3m超の津波が予想される場合には、「大津波警報」が出される。

　これらよりも小さな高さ0.2〜1mの津波ではあるものの海の中や海岸、河口付近で災害が起こるおそれが予想されるものを「津波注意報」として発表している。

　こうした警報・注意報を全国66に分けた津波予報区単位で発表する。

● 津波観測網

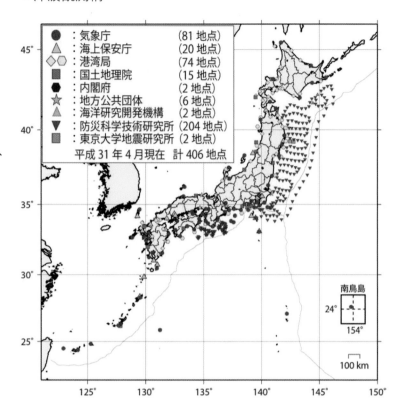

●	：気象庁	（81 地点）
▲	：海上保安庁	（20 地点）
◇◯	：港湾局	（74 地点）
■	：国土地理院	（15 地点）
⬢	：内閣府	（2 地点）
★	：地方公共団体	（6 地点）
△	：海洋研究開発機構	（2 地点）
▼	：防災科学技術研究所	（204 地点）
◼	：東京大学地震研究所	（2 地点）

平成 31 年 4 月現在　計 406 地点

●巨大地震時の津波警報のイメージ

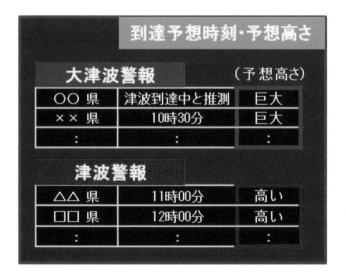

到達予想時刻・予想高さ

大津波警報		（予想高さ）
◯◯ 県	津波到達中と推測	巨大
×× 県	10時30分	巨大
：	：	：

津波警報		
△△ 県	11時00分	高い
□□ 県	12時00分	高い
：	：	：

■津波情報

　津波警報・注意報の発表後、沖合や沿岸の潮位データを監視して、警報・注意報の切替えや解除等の判断を行う。さらに、沖合で津波を観測した場合には、その観測点における第一波の到達時刻、最大の高さなどの観測値などを津波情報として発表する。沿岸で津波を観測した場合にも、第一波の到達時刻、最大の高さなどの観測値を津波情報で発表する。

■津波予報

　地震発生後、津波が予想されるものの災害が起こるおそれがない場合には、「津波予報」として発表する。これは「若干の海面変動」「0.2m未満」の場合となる。

● 津波警報・注意報　※ 大津波警報は、特別警報に位置付けている。

情報の種類	解　説	発表される津波の高さ	
		数値での発表	巨大地震の場合の定性的な表現
大津波警報※	3mを超える津波が予想されますので、厳重に警戒してください。	10m超 10m 5m	巨大
津波警報	高いところで3m程度の津波が予想されますので、警戒してください。	3m	高い
津波注意報	高いところで1m程度の津波が予想されますので、注意してください。	1m	（表記しない）

● 津波情報

情報の種類	解　説
津波到達予想時刻・予想される津波の高さに関する情報	各津波予報区の津波の到達予想時刻や予想される津波の高さを発表。
各地の満潮時刻・津波到達予想時刻に関する情報	主な地点の満潮時刻・津波の到達予想時刻を発表。
津波観測に関する情報	沿岸で観測した津波の時刻や高さを発表する。 ただし、大きな津波が予想されているなかで、観測された津波の高さが予想よりも十分に低い場合は、数値ではなく「観測中」という言葉で発表して、津波が到達中であることを伝える。
沖合の津波観測に関する情報	沖合で観測した津波の時刻や高さ、および沖合の観測値から推定される沿岸での津波の到達時刻や高さを津波予報区単位で発表する。 ただし、沿岸からはるかに離れた沖合の観測点では、津波予報区との対応付けがむずかしいため、沿岸での推定値は発表しない。また、大きな津波が予想されているなかで、観測された津波の高さが予想よりも十分に低い場合は、数値ではなく観測値については「観測中」、推定値については「推定中」という言葉で発表し、津波が到達中であることを伝える。

● 津波予報

予想される海面の状況	解　説
津波が予想されないとき	津波の心配なしの旨を地震情報に含めて発表する。
0.2m未満の海面変動が予想されたとき	高いところでも0.2m未満の海面変動のため被害の心配はなく、特段の防災対応の必要がない旨を発表する。
津波注意解除後も海面変動が継続するとき	津波にともなう海面変動が観測されており、今後も継続する可能性が高いため、海に入っての作業や釣り、海水浴などに際しては十分な留意が必要である旨を発表する。

32 地震発生可能性の長期評価

さまざまな科学技術の手法を用いて、日々、地震発生のメカニズムの解明を急ぎ、地震予知の確度は上がっている。地震の被害を軽減させるには、政府機関が公表している地震発生可能性に関するあらゆるデータを取得し、日常から備えを進めておくことが必要である。ここでは地震調査研究推進本部が進める「地震発生可能性の長期評価」について解説する。

● 地震のマグニチュードと揺れのイメージ

EARTHQUAKE MAGNITUDE AND INTENSITY

DESCRIPTION

MICRO	MINOR	LIGHT	MODERATE	STRONG	MAJOR	GREAT

1.0-1.9	2.0-2.9	3.0-3.9	4.0-4.9	5.0-5.9	6.0-6.9	7.0-7.9	8.0-8.9	9.0 AND GREATER

MAGNITUDE

■ 地震発生可能性を評価する

地震調査研究推進本部では、地震の規模や地震が発生する確率を予測したものを「地震発生可能性の長期評価」と呼んで、全国各地を評価している。

評価しているのは、全国の主要活断層および海域を区分した海溝型地震についてである（P122〜123地図参照）。

また、地震調査研究推進本部では、2005年3月に「全国を概観した地震動予測地図」（P121）を作成してもいる。この地震動予測地図は、「確率論的地震動予測地図」と「震源断層を特定した地震動予測地図」という、観点の異なる2つの地図で構成されている。

「確率論的地震動予測地図」は、「ある一定期間内に、ある地域が強い揺れに見舞われる可能性」を確率論的手法により評価し、地図上に示したもの。全国を概観することができ、地震によって強い揺れに見舞われる可能性の地域差を知ることができる。

「確率論的地震動予測地図」は、「期間」「揺れの強さ」「確率」の3要素のうち、2つを固定し、残りの1つの状況を地図上に示すことができる。

「確率論的地震動予測地図」に関する報告書は、「全国を概観した地震動予測地図」として地震調査研究推進本部のホームページで公表されている。
（https://www.jishin.go.jp/evaluation/seismic_hazard_map/shm_report/shm_report_2018/）

また、特定の場所を拡大した地震動予測地図などを見たい場合には「地震ハザードステーション（J-SHIS）」（http://www.j-shis.bosai.go.jp/）で確認できる。

■ 地図で見る揺れの強さ

「震源断層を特定した地震動予測地図」（P122〜123図参照）は、長期評価の結果をもとに、ある特定の地震が発生したときの、ある地域の揺れの強さを予測した地図である。この地図によって、個々の地震において周辺で生じる強い揺れの分布を知ることができる。

「確率論的地震動予測地図」と「震源断層を特定した地震動予測地図」は、地震防災意識の高まりのために用いられるほか、地震に関する調査観測関連や地震防災対策関連の事業にも利用が想定される。

● 「全国を概観した地震予測地図」の一部

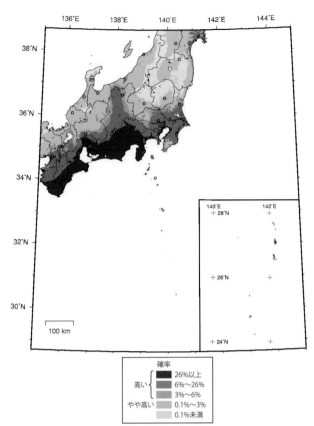

今後30年以内に震度6以上の揺れに見舞われる
確率の分布図（基準日2008年1月1日）

　地震調査委員会が作成した「確率論的地震動予測地図」
および「震源断層を特定した地震動予測地図」は、地震防災
意識を高める目的のほか、次の利用が想定される。

・地震に関する調査観測関連
　地震に関する調査観測の重点化
・地域住民関連
　地域住民の地域防災意識の高揚
・地震防災対策関連
　土地利用計画や施設・構造物の耐震設計における
　基礎資料
・リスク評価関連
　重要施設の立地、企業立地、地震保険料率算定など
　のリスク評価における基礎資料

（文部科学省「地震がわかるQ&A」より）

確率
高い　　26%以上
　　　　6%〜26%
　　　　3%〜6%
やや高い　0.1%〜3%
　　　　0.1%未満

● 活断層で発生する地震を想定した強震動評価の例

　全国を概観して、地震で強い揺れに
見舞われる可能性の地域差を把握

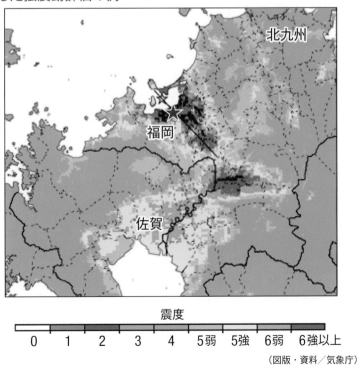

震度

0　1　2　3　4　5弱　5強　6弱　6強以上

（図版・資料／気象庁）

● 震源断層を特定した地震動予測地図

主要活断層帯と海溝型地震の長期評価結果

海溝型地震

活断層で発生する地震

━━━ 地震発生確率が高いグループの活断層
━━━ 地震発生確率がやや高いグループの活断層
━━━ その他の活断層

（地震発生確率は2008年1月1日を基準にした30年以内の確率値）

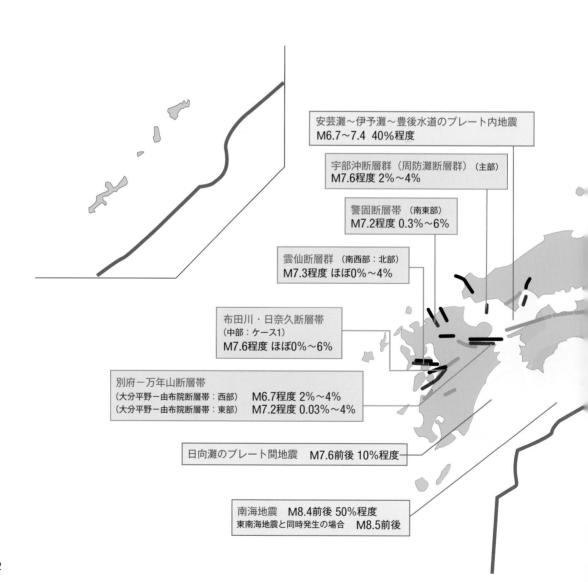

安芸灘〜伊予灘〜豊後水道のプレート内地震
M6.7〜7.4　40%程度

宇部沖断層群（周防灘断層群）（主部）
M7.6程度 2%〜4%

警固断層帯　（南東部）
M7.2程度 0.3%〜6%

雲仙断層群　（南西部：北部）
M7.3程度 ほぼ0%〜4%

布田川・日奈久断層帯
（中部：ケース1）
M7.6程度 ほぼ0%〜6%

別府－万年山断層帯
（大分平野－由布院断層帯：西部）　M6.7程度 2%〜4%
（大分平野－由布院断層帯：東部）　M7.2程度 0.03%〜4%

日向灘のプレート間地震　M7.6前後 10%程度

南海地震　M8.4前後 50%程度
東南海地震と同時発生の場合　M8.5前後

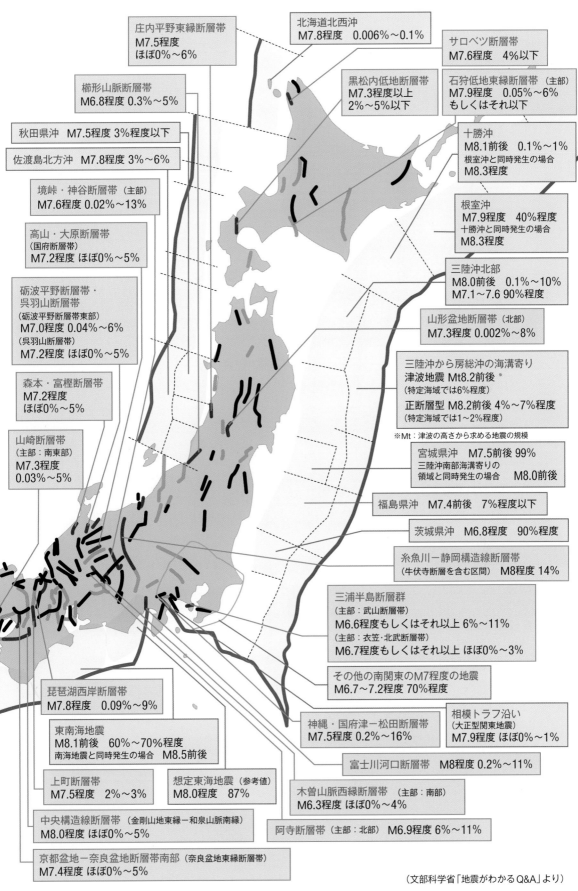

庄内平野東縁断層帯
M7.5程度
ほぼ0%～6%

北海道北西沖
M7.8程度　0.006%～0.1%

サロベツ断層帯
M7.6程度　4%以下

櫛形山脈断層帯
M6.8程度 0.3%～5%

黒松内低地断層帯
M7.3程度以上
2%～5%以下

石狩低地東縁断層帯（主部）
M7.9程度　0.05%～6%
もしくはそれ以下

秋田県沖　M7.5程度 3%程度以下

佐渡島北方沖　M7.8程度 3%～6%

十勝沖
M8.1前後　0.1%～1%
根室沖と同時発生の場合
M8.3程度

境峠・神谷断層帯（主部）
M7.6程度 0.02%～13%

根室沖
M7.9程度　40%程度
十勝沖と同時発生の場合
M8.3程度

高山・大原断層帯
（国府断層帯）
M7.2程度 ほぼ0%～5%

三陸沖北部
M8.0前後　0.1%～10%
M7.1～7.6 90%程度

砺波平野断層帯・
呉羽山断層帯
（砺波平野断層帯東部）
M7.0程度 0.04%～6%
（呉羽山断層帯）
M7.2程度 ほぼ0%～5%

山形盆地断層帯（北部）
M7.3程度 0.002%～8%

三陸沖から房総沖の海溝寄り
津波地震 Mt8.2前後 ※
（特定海域では6%程度）
正断層型 M8.2前後 4%～7%程度
（特定海域では1%～2%程度）

森本・富樫断層帯
M7.2程度
ほぼ0%～5%

※Mt：津波の高さから求める地震の規模

宮城県沖　M7.5前後 99%
三陸沖南部海溝寄りの
領域と同時発生の場合　　M8.0前後

山崎断層帯
（主部：南東部）
M7.3程度
0.03%～5%

福島県沖　M7.4前後　7%程度以下

茨城県沖　M6.8程度　90%程度

糸魚川－静岡構造線断層帯
（牛伏寺断層を含む区間）　M8程度 14%

三浦半島断層群
（主部：武山断層帯）
M6.6程度もしくはそれ以上 6%～11%
（主部：衣笠・北武断層帯）
M6.7程度もしくはそれ以上 ほぼ0%～3%

その他の南関東のM7程度の地震
M6.7～7.2程度 70%程度

琵琶湖西岸断層帯
M7.8程度　0.09%～9%

相模トラフ沿い
（大正型関東地震）
M7.9程度 ほぼ0%～1%

神縄・国府津－松田断層帯
M7.5程度 0.2%～16%

東南海地震
M8.1前後　60%～70%程度
南海地震と同時発生の場合　M8.5前後

富士川河口断層帯　M8程度 0.2%～11%

上町断層帯
M7.5程度　2%～3%

想定東海地震（参考値）
M8.0程度　87%

木曽山脈西縁断層帯 （主部：南部）
M6.3程度 ほぼ0%～4%

中央構造線断層帯 （金剛山地東縁－和泉山脈南縁）
M8.0程度 ほぼ0%～5%

阿寺断層帯（主部：北部）　M6.9程度 6%～11%

京都盆地－奈良盆地断層帯南部（奈良盆地東縁断層帯）
M7.4程度 ほぼ0%～5%

（文部科学省「地震がわかるQ&A」より）

「いざ」のときに備える②
非常用持ち出しリュック（袋）に入れておくもの

・押入れの奥にしまわないこと。
・玄関などに置いておき、これを持って避難所に向かう。
・重量は10kg以下に。背負って走れる大きさに。

□ 飲料水（500mℓペットボトル2本）
□ 栄養補助食品
　　（カロリーメイトや青汁などで、不足しがちなビタミン、ミネラルを補う）
□ 医薬品（マスク、消毒薬、鎮痛剤。持病のある人は薬を忘れずに）
□ 衣類（防寒具）
□ アイマスク、耳栓、ウエットティッシュ（携帯用のもの）
□ ロープ
□ ビニール袋（大小3〜4枚）
□ ガムテープ
□ 風呂敷、手ぬぐい
□ ローソク、マッチ、ライター
□ 筆記具（油性マジックがあると便利）
□ 貴重品（財布、印鑑、通帳、現金など）

Chapter 4

火山の災害に備える

　地震大国でもある日本は、火山大国でもある。「噴火」とは火口から岩石などが100〜300m飛んだ場合と定義（気象庁）しているが、2014年の死者58人、行方不明者5人を出した御嶽山の噴火は記憶に新しい。また、溶岩流が甚大な災害をもたらすこともある。

　火山の噴火は地震とは異なり、ある程度の予兆をともなうのが普通で、監視体制も整備されている。だがそれでも、噴火の開始は予測できても、その後の活動推移を見極めるのは困難だ。安全面への配慮から、噴火の「終息宣言」は簡単には出されず、数年間も続くことがある。住民の避難などを含め、社会的・経済的な影響も長期におよぶこともある。

33 火山活動にともなう地震

　私たちが普段使っている「地震」という言葉は、プレートや活断層など地殻変動によって地表が揺れる現象を指している。しかし、プレートや活断層以外の地球内部の活動によって地震が発生することもある。その一つが火山活動にともなう地震である。この地震を火山性地震という。火山性地震はどのようなメカニズムで起こるのだろうか。

■火山と地震の関係

　火山性地震は、火山の噴火、あるいは噴火していなくてもマグマの動きや熱水の活動などに関連して、火山の中やその周辺で発生する地震のことを指す。

　そもそも火山はどのような活動をするのだろうか。火山はプレート境界に多く存在する。大陸プレートの下に海洋プレートが沈み込み地下約100㎞に達すると、プレート内の含水鉱物(がんすい)から水分が出てマントルに供給される。すると、マントルが部分溶融してマグマとなって地表に噴出し、海溝にほぼ平行に火山帯を形成する。

　火山は海溝・トラフからある程度離れた陸側に帯状に分布し、火山帯の最も海溝側の限界の場所をつないだ線を火山前線(火山フロント)という。沈み込む海洋プレートによってプレート内部および境界にひずみがたまりやすく、そのひずみが断層運動によって解放されて地震となる。

　火山性地震の震源は浅いものから深いものまで存在する。

■火山はどのようにしてできるのか

　火山そのものは中央海嶺(かいれい)、島弧海溝(とうこ)、ホットスポットに集中している。

①中央海嶺付近

　たがいに離れるプレートの隙間(すきま)を、玄武岩質(げんぶがん)のマグマが噴火して埋めることにより海底をつくっている。例えばアイスランドは中央海嶺の一部が

●火山活動にともなう現象と地震

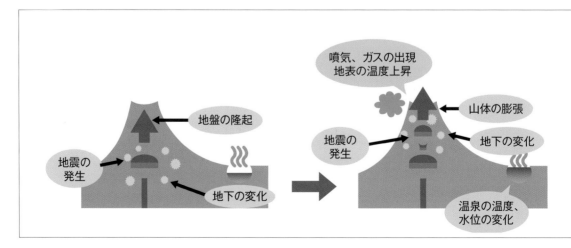

● プレートの沈み込みと
　火山活動

400　　　　200　　　　0

火山フロント　　　海溝

0

陸の地殻

陸の
プレート

マグマの活動により
地震が発生

海の
プレート

海の地殻

100

マグマ
の発生

マントルの
部分溶融

200

海のプレートの
沈み込み

海溝からの距離(km)

海上に現れたものであり、玄武岩質マグマが噴火
する割れ目噴火が見られる。また、紅海やアフリ
カ大地溝帯でも火成活動によって大地が割れつつ
ある様子を見ることができ、将来は海嶺となると
考えられる。

②島弧－海溝付近

　　海洋プレートが大陸プレートの下に沈み込む
と、地下100kmを超えた辺りから、地下に供給さ
れた水分によって海洋プレートの上部でマグマ
が発生する。火山は海溝から離れたところから

大陸側に分布する。この火山分布の海溝側の限
界ラインを火山前線(火山フロント)という。太
平洋の周辺には島弧－海溝系の火山が太平洋を
取り巻くように存在しており、これを環太平洋
火山帯という。

③ホットスポット

　　核－マントル境界という地中の深い場所で発
生した玄武岩質マグマが噴火している。このよ
うな場所はホットスポットと呼ばれ、ハワイ諸
島が代表的である。

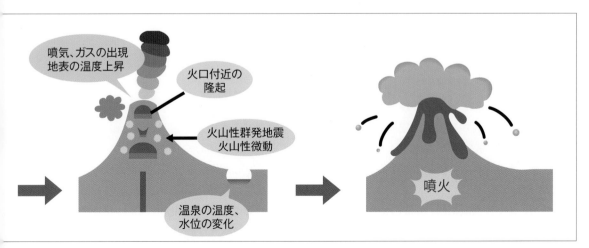

噴気、ガスの出現
地表の温度上昇

火口付近の
隆起

火山性群発地震
火山性微動

温泉の温度、
水位の変化

噴火

(図版・資料／気象庁)

● 日本の火山分布

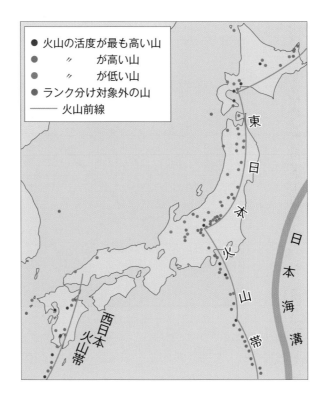

火山の活度が最も高い山
　　〃　　が高い山
　　〃　　が低い山
ランク分け対象外の山
—— 火山前線

東日本火山帯

西日本火山帯

日本海溝

■ 火山性地震の3つのタイプ

　日本に分布する火山の多くは、日本列島の下に沈み込んだ海洋プレートの深さが約100～150kmの深さに達した場所の上に列をなして存在する。プレートが沈み込んだ際に地中に引きずり込まれた物質が水分を得てマグマになり、地表まで上がってくるためで、これによって火山活動が起こることになる。

　火山活動も地震もプレート運動によって起こるため、火山と地震は密接な関係があると考えられる。ただし、通常の地震と比べて、ゆっくり揺れる「低周波地震」という火山性地震特有の地震は、マグマの活動によるものと考えられてはいるものの、その詳しいメカニズムはまだわかっていない。

　これに加え、地面が連続的に揺れ続ける「火山性微動」もある。噴火が近づいたときや噴火中に発生することが多く、マグマの動きの反映と考えられている。

　つまり、火山性地震には、通常の地震の規模のものと、「低周波地震」「火山性微動」の3つのタイプがあるということになる。

■ 日本の火山の分布

　日本列島の地下には、いずれも太平洋プレートとフィリピン海プレートの2枚のプレートが沈み込んでいるため、火山帯および火山前線も2つに分けられる。太平洋プレートの沈み込みにより東日本火山帯が形成され、フィリピン海プレートの沈み込みにより西日本火山帯が形成されている。東北や南関東、九州には多くの火山が連なっているが、これらはプレート境界に相当する地域だからだ。世界に約1500以上ある活火山のうち、実に111が日本に存在している。

■ 玄武岩質マグマ

　マグマの主成分は玄武岩質（げんぶがん）の岩石であるが、日本では玄武岩質のマグマの発生する深さは、太平洋側で100km前後であり、アルカリの成分の少ない玄武岩となっている。ところが、日本海側では玄武岩質のマグマは400～500km付近の深い地中にあり、アルカリ成分の多い玄武岩（アルカリ玄武岩）が存在している。

■マグマは何からできているのか

　火山活動をもたらすマグマは、マントルを構成する岩石が部分的に溶けることで発生し、高温の液状物質に気体が溶け込んだものである。このマグマが地表に噴出するときに気体が抜けて、岩石が溶けたもの、これがすなわち溶岩となる。溶岩を観察することで、マグマの様子をある程度知ることができる。

　マグマの発生場所は、マントル上部の地表から数百km以内のところにある。

　この場所ではまだマグマは液体になっておらず、固体のまま存在する。

　しかし、わずかな温度・圧力の変化によって岩石が溶けてマグマが生じると考えられている。

　火山帯の下にはマグマのたまっている「マグマだまり」がある。

　この深さは、地下数km〜数十kmのところで、地下の深いところから上がってきたマグマは、地殻の弱いところから地表に噴出する。

　マグマはAl、Fe、Mg、Ca、Naなどの金属化合物とケイ酸塩鉱物を混合したものにH_2O、CO_2、H_2Sなどの揮発性成分が溶け込んだものが主成分となっている。

　火山が噴火してマグマが地表に噴出すると、揮発性成分は火山ガスとして大気中へ、金属酸化物を含んだケイ酸塩鉱物は溶岩流および火山砕屑物として地表へ流れ出る。

　マグマから生じる火成岩にはいろいろな種類の岩石がある。それは、マントル上部のかんらん岩が部分的に溶けてできる本源マグマ（玄武岩質マグマ）から多くの火成岩が分化するものと考えられている。

　また、地下の深いところの地質のほとんどが花崗岩であることから、地下の深いところでできた本源マグマが周囲の岩石を溶かしながら地殻内を移動するとき、本源マグマとは成分の異なった花崗岩（流紋岩）質マグマが形成されると考えられている。両マグマが混じり合って安山岩質マグマが生まれる。

● マグマだまり

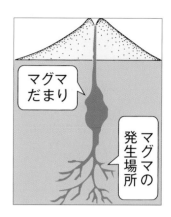

● 玄武岩質マグマが発生する深さ

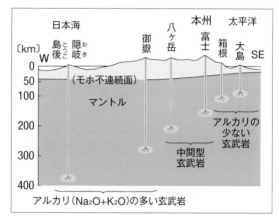

（図版・資料／気象庁）

■火山噴火による噴出物

　火山の噴火によって、①火山ガス、②溶岩、③火山砕屑物が噴出する。

①火山ガス

　90％が水蒸気で、そのほかにCO_2、SO_2（二酸化硫黄）、H_2S（硫化水素）、CO、HCl、CH_3、H_2SO_3などがある。

②溶岩

　火山噴出物の大半を占め、噴出時の温度は900〜1200℃程で、冷え固まって火山岩（火成岩の一種）となる。

③火山砕屑物

　噴火のときに飛び散った岩片のことで、火山岩塊、火山れき、火山灰（火山砂と火山灰に分かれる）、浮石、スコリアなどがある。

34 日本の火山

　プレート境界を周辺に有する日本は、地震大国であると同時に火山大国でもある。1500以上ある世界の活火山の約7%にあたる111の活火山が日本にある。気象庁では活火山を常に監視・観測し、噴火可能性のある火山について情報提供を行っている。日本の火山の特徴について、詳しく見ていこう。

● 日本の活火山の分布

▲ 「火山防災のために監視・観測体制の充実等が必要な火山」として 火山噴火予知連絡会によって選定された50火山で、火山監視・警報センターにおいて火山活動を24時間体制で監視している火山。

△ 常時観測外の活火山

日本の火山監視・情報センター

1 札幌管区気象台　地域火山監視・警報センター
2 仙台管区気象台　地域火山監視・警報センター
3 気象庁（東京）地震火山部火山課　火山監視・警報センター
4 福岡管区気象台　地域火山監視・警報センター

東京・気象庁　火山監視・警報センター
（提供／気象庁）

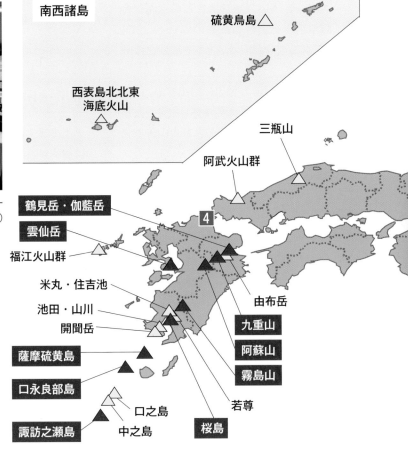

南西諸島

硫黄鳥島 △

西表島北北東
海底火山 △

三瓶山

阿武火山群

鶴見岳・伽藍岳

雲仙岳

福江火山群

米丸・住吉池

池田・山川

開聞岳

薩摩硫黄島

口永良部島

諏訪之瀬島

口之島

中之島

由布岳

九重山

阿蘇山

霧島山

若尊

桜島

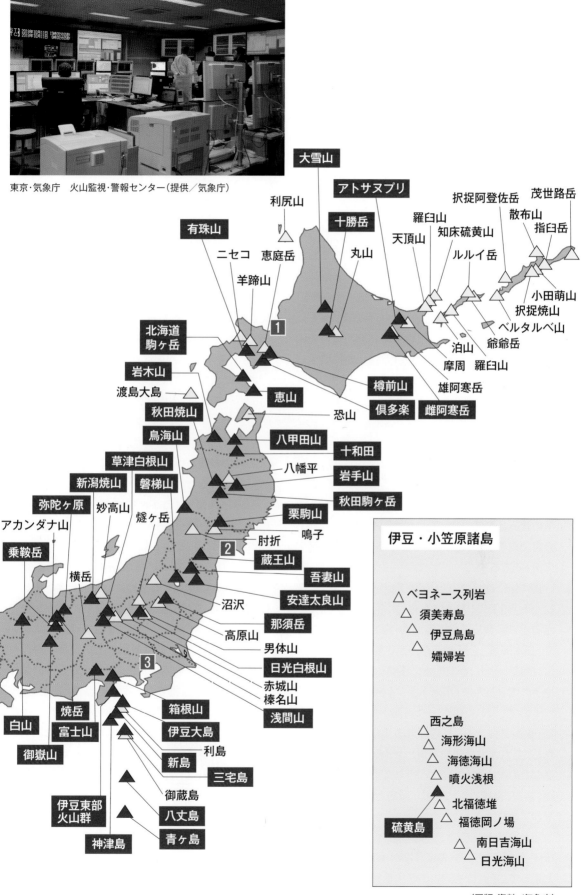

東京・気象庁　火山監視・警報センター（提供／気象庁）

大雪山

アトサヌプリ

利尻山

十勝岳

丸山

有珠山

ニセコ

恵庭岳

羅臼山

天頂山

択捉阿登佐岳

茂世路岳

散布山

知床硫黄山

指臼岳

羊蹄山

ルルイ岳

小田萌山

択捉焼山

ベルタルベ山

北海道
駒ヶ岳

泊山

爺爺岳

岩木山

1

恵山

摩周

羅臼山

渡島大島

樽前山

雄阿寒岳

秋田焼山

俱多楽

雌阿寒岳

恵山

鳥海山

恐山

八甲田山

十和田

草津白根山

八幡平

岩手山

新潟焼山

磐梯山

秋田駒ヶ岳

弥陀ヶ原

妙高山

栗駒山

アカンダナ山

燧ヶ岳

肘折

鳴子

乗鞍岳

2

蔵王山

横岳

吾妻山

沼沢

安達太良山

高原山

那須岳

男体山

3

日光白根山

赤城山
榛名山

浅間山

白山

焼岳

箱根山

富士山

伊豆大島

御嶽山

利島

新島

三宅島

伊豆東部
火山群

御蔵島

八丈島

神津島

青ヶ島

伊豆・小笠原諸島

ベヨネース列岩

須美寿島

伊豆鳥島

孀婦岩

西之島

海形海山

海徳海山

噴火浅根

北福徳堆

硫黄島

福徳岡ノ場

南日吉海山

日光海山

■日本列島は活火山の密集地帯!?

　かつて日本の火山は、活動している火山を「活火山」、現在噴火していないものの過去に文献等で噴火の事実が認められるものを「休火山」、文献等でも噴火の記録が認められないものを「死火山」に分類していた。

　しかし、火山活動のスパンは数千年とは限らず、数万年、もしかするとそれ以上であるかもしれないため、噴火記録のある火山や、今後噴火する可能性のある火山をすべて活火山として分類する考え方が、1950年代から世界的になっていった。

　1975年には気象庁の火山噴火予知連絡会が77火山を活火山として選定したが、その後、徐々に活火山の数が追加された。さらに、2003年に火山噴火予知連絡会が、「概ね過去1万年以内に噴火した火山および現在活発な噴気活動のある火山」と活火山を定義し直した結果、現在、活火山は111となった。

■「最近」も噴火している日本の火山

　日本の火山は、海洋プレートが大陸プレートの下に沈み込んでいき、それが原因で大陸プレートの縁に帯のように連なってできる「沈み込み帯の火山」である。

　具体的には、「ユーラシアプレート」と「北米プレート」の下に、東の海から「太平洋プレート」が西向きに移動してきてぶつかり、地下に沈み込んで「日本海溝」を形成する。南の海からは「フィリピン海プレート」が北向きに移動してきてぶつかり、地下に沈み込んで「南海トラフ」を形成する。

　そして、「日本海溝」や「南海トラフ」と平行して「火山フロント」と呼ばれる火山の列が形成される。これが北海道や本州、九州の山脈、小笠原諸島などの火山帯となる。こうして北から、千島、那須、鳥海、乗鞍、富士、大山、霧島という7つの火山帯ができた。

　これらの火山帯は、大量の溶岩を噴き出す、ハワイやアイスランドのようなホットスポット火山と違って、それほど溶岩の噴出量は多くない。

　しかし、数百年前までさかのぼれば、日本の活火山のほとんどが大きな噴火を経験し、溶岩流も噴出している。例えば、桜島(鹿児島県)、浅間山(長野県)、伊豆大島(東京都)といった火山の麓には、かつての溶岩流の跡を見ることができる。これらは数百年前の火山活動ではあるものの、火山の一生から見れば、比較的「最近」の出来事であるといえる。

■常時監視されている50の火山

　2009年6月、火山噴火予知連絡会によって、今後100年程度の中長期的に噴火の可能性や社会的影響が大きいと考えられることから、「火山防災のために監視・観測体制の充実等の必要がある火山」として47火山が選ばれている。

　さらに、2014年11月、火山噴火予知連絡会のもとに設置された「火山観測体制等に関する検討会」において、同年9月に起きた御嶽山(長野県・岐阜県)の噴火を受けて、「御嶽山の噴火災害を踏まえた活火山の観測体制の強化に関する緊急提言」がとりまとめられた。

　このときに3火山が追加され、計50が「火山防災のために監視・観測体制の充実等が必要な火山」(常時観測火山)として選ばれている。

　これらについて、噴火の前兆をとらえて噴火警報等を適確に発表するために、地震計、傾斜計、空振計に加え、GNSS観測装置、監視カメラなどの火山観測施設が各所に整備されている。大学等の研究機関や自治体・防災機関などの関係機関からこれらのデータ提供を受け、火山活動を24時間体制で常時観測・監視できるようにしているのだ。

　また、全国の火山監視・情報センターの「火山機動観測班」がその他の火山も含めて現地に出向いて計画的に調査観測をしており、火山活動に高まりが見られれば、必要に応じて現象をより正確に把握するための観測体制を強化する。そして居住地域や火口周辺に危険をおよぼすような噴火発生や拡大が予想された場合には、この地域に入った場合は生命に危険がおよぶ「警戒が必要な範囲」として噴火警報を発表する。

● 最近の噴火事例

有珠山の噴火　2000年3月〜2001年9月
（北海道）

2000年3月31日に西山西麓で噴火が始まり、その後、4月1日には金比羅山でも噴火が発生した。最大で周辺住民1万5000人が避難生活を強いられたが、事前の避難が徹底していたため、1人の犠牲者も出さずにすんだ。噴火活動は5月以降次第に低下したが、活動は2001年9月まで続いた。

桜島（昭和火口）の噴火　2006年6月〜
（鹿児島県）

2006年6月4日、58年ぶりに昭和火口で噴火が発生した。その後、活動が活発な期間と静穏な期間を繰り返し、2008年2月6日には火砕流をともなう噴火が発生した。2009年10月頃から噴火活動は活発化しており、2011年5月31日には昭和火口の火口底で初めて溶岩が確認された。現在も活発な噴火活動を続けており、注意深く監視する必要がある火山。

霧島山（新燃岳）の噴火　2011年
（鹿児島県・宮崎県）

2011年1月19日に小規模なマグマ水蒸気爆発が発生、26日から約300年ぶりの本格的なマグマ噴火が開始し、大量の火山灰や小さな噴石（火山れき）が宮崎県や鹿児島県に降下した。さらに、28日に火口底に溶岩が出現し、30日には火口内をほぼ満たした。また、爆発的噴火が繰り返し発生し、2月1日には大きな噴石が火口から3.2km離れたところに飛散したほか、小さな噴石や空振で自動車ガラスや窓ガラスが割れるなどの被害が発生した。

御嶽山の噴火　2014年9月
（長野県・岐阜県）

2014年9月27日、7年ぶりに山頂で噴火が発生した。噴火にともない、火砕流は山頂の火口列から南西方向に約2.5km、北西方向に約1.5km流下し、気象レーダーの観測から、噴煙は火口縁から約7000mの高さまで上がったと推定される。大きな噴石は山頂火口列から約1kmの範囲に飛散していることを上空から確認した。その後も火山灰を噴出する噴火が10月10日頃まで続いた。この噴火により、死者57名、行方不明者6名、負傷者69名（消防庁　2014年10月23日現在）の人的被害が発生した。

（図版・資料／気象庁）

35 災害を引き起こす火山現象とは

火山が噴火すると、時に大きな災害を引き起こす。噴石や火砕流、火山灰や火山ガスなどが噴火によって発生し、避難までに時間的猶予がほとんどないため、生命の危険をともなう災害となることも多い。火山噴火はどのようなメカニズムで起こるのか、詳しく見ていこう。

■マグマが圧力に耐え切れず地表に噴出

火山は普通の山とは、でき方からしてまったく異なる。

地盤に大きな力がかかったときに地盤がずれて断層運動を起こすこともあれば、ずれないで波状に変形してしまうこともある。これを褶曲という。断層や褶曲によって地盤が盛り上がることによってできるのが普通の山のでき方である。

一方、火山は地下にあったマグマが火口から地表に噴出し、それが冷えて固まったものが火口のまわりに積み上がることで盛り上がってできる。

では、マグマはどのようにしてできるのか。

世界の火山の多くは、プレートの境界とプレート内にホットスポットとして分布している。これらの地下では、マントルの上部の一部が海水から水分を得て溶け、マグマが形成されている。

このマグマにはガスが発生して高い圧力がかかっている。これが地下の浅いところまで来ると、まわりの圧力が下がり、炭酸ジュースのフタを開けたときのように、マグマの中の火山ガスが泡になる。すると、ガスと泡を含んだマグマは圧力に押し出されて地上まで上昇してきて噴出する。これが火山噴火のメカニズムである。

■火山フロントとホットスポット

大陸プレートの下に沈み込んだ海洋プレートからの水の働きによってマントルが溶けてマグマが形成されるため、プレート境界にできる海溝に沿って火山が分布することになる。この火山分布の海溝側の境界を連ねる線を火山フロントという。

一方、ホットスポットにできる火山はこれとはまったくメカニズムが異なる。ホットスポット型の火山は、プレート境界に左右されずに孤立して活動する。マントル・プルームと呼ばれるマントルの大規模な上昇流が地下で長期間、持続的に起こっている場所では、上昇流を形成して地表にマグマを噴出させる。

■災害を引き起こす噴火現象

火山が噴火すると、噴石の落下や火砕流が発生するなどして、時に大災害をもたらす。噴火現象として主に以下の6つが挙げられる。

・大きな噴石

直径20〜30cm以上の噴石が火口からの噴火によって吹き飛ばされることがある。重量があるため、風の影響を受けずに飛散する。

・火砕流

噴火によって放出された固形物と火山ガスなどが混ざってドロドロになった状態で、地表の地形に沿って流れる。速度は時速100km以上、温度は数百℃に達する。

・融雪型火山泥流

火山活動の熱によって、周囲の雪や氷が溶かされて、火山で噴出された固形物と水分が混じって地表を流れる。時速数十kmに達する。

● 火山噴出物の分類

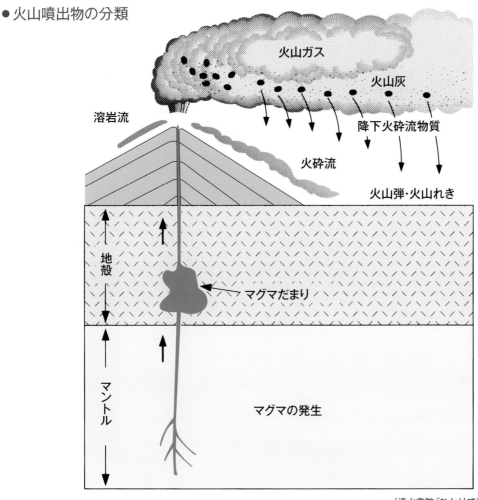

（清水書院『ひとりで学べる地学』より）

・溶岩流

岩石が溶けてドロドロになって地表を流れ下る現象のこと。速度はそれほどでもないが、地形や溶岩の組成によって異なる。歩行による避難が可能なこともある。

・小さな噴石・火山灰

火口からの噴火によって直径数㎝程度の溶岩の破片、灰が噴出される。風の影響を受けて遠方まで達することがある。小さな噴石でも落下によって速度が上がっているため、火口に近い登山者を死傷させることもある。ただし、噴出してから落下するまでに数分を要するため、火山の風下で噴火に気付いたら、屋内に退避することで災害を免れることができる。

・火山ガス

火山活動により地表からガスが噴出する。噴火しなくても放出されることがある。主成分は水、二酸化硫黄、硫化水素、二酸化炭素など。火山ガスには二酸化硫黄や硫化水素が含まれていることがあり、気管支の障害や中毒を発生させ、死亡する可能性もある。

雲仙岳の火砕流（1994年6月24日・写真／気象庁）

■火山活動全般に関する用語

火山活動

マグマや火山ガス、熱水などの移動にともなって生じる噴火活動、地震活動、地殻変動、噴煙活動等のこと。「火山現象」も同義語として使用する。温泉作用、マグマの生成・上昇等も広義の火山活動である。

火映

高温の溶岩や火山ガスが火口内や火道上部にある場合に、火口上の雲や噴煙が明るく照らされる現象のこと。一般には夜間に観察される。

火映の例（浅間山 2015年）

火砕流（かさいりゅう）

噴火により放出された破片状の固体物質と火山ガスなどが混合状態となり、地表に沿って流れる現象のこと。火砕流の速度は時速100㎞以上、温度は数百℃に達することもあり、破壊力が大きく、重大な災害要因となりえる。

火砕サージ

火砕流の一種で、火山ガスを主体とする希薄な流れのこと。流動性が高く、高速で流れ、尾根を乗り越えて流れることがある。

火砕流の例（雲仙岳1991年）

ベースサージ

火砕サージの一種で、マグマの水蒸気噴火により発生する噴煙から高速で広がる希薄な流れのこと。

火山泥流

火山において火山噴出物と多量の水が混ざって地表を流れる現象のこと。火山噴出物が雪や氷河を溶かす、火砕流が水域に流入する、火口湖があふれ出す、火口からの熱水あふれ出し、降雨による火山噴出物の流動といった現象を原因として発生する。流れる速さは時速数十㎞に達することがある。

岩屑なだれ（がんせつ）

山体の斜面あるいは山体の大部分が一挙に崩壊し、高速で流れ下る現象のこと。土石流と異なり、水を多くは含まない状態で発生・流下する現象。岩屑なだれが下流で河川に流入して土石流となることもある。

火山泥流例（有珠山2000年）

土砂噴出

火山ガスの急激な噴出により、火口の周囲にある湯だまりの湯や土砂を噴き上げる現象のこと。噴火の記録基準に満たない噴出現象である。

土砂噴出の例（阿蘇山）

空振

噴火などによって周囲の空気が振動して衝撃波となって大気中に伝播する現象のこと。空振が通過する際には建物の窓や壁を揺らし、時には窓ガラスが破損することもある。火口から離れるに従って減速した音波となるが、瞬間的な低周波音であるため人間の耳で直接聞くことは難しい。

空振による被害の例
（浅間山 1950年）
火口から約9km

降灰

火山灰などが地表に降る現象、あるいは降り積もった現象のこと。降雨のときに発生すると泥雨となる。

融雪型火山泥流

火山活動によって火山を覆う雪や氷がとかされることで発生する火山泥流のこと。
流速は時速数十kmに達することがあり、谷筋や沢沿いを遠方まで流れ下ることがある。

融雪型火災泥流の例
（ネバトデルルイス火山・1985年）

溶岩流

溶けた岩石が地表を流れ下る現象。流下する速度は地形や溶岩の温度・組成によるが、比較的ゆっくり流れるので歩行による避難が可能な場合もある。

溶岩流の例（伊豆大島1986）

土石流

多量の水と土石が混合して流れ下る現象。
流速は時速数十kmに達することがある。噴火が終息した後に発生することがある。

表面現象

噴火、溶岩流や火砕流の流下、噴煙活動、地表面の高温化などの火山現象が地表面に現れ、目視できる現象の総称のこと。

Pa

空振計（低周波マイクロフォン）は、空気震動を気圧の変化として観測しており、その観測値として用いる単位のこと。
1Paは、1㎡の面積につき1ニュートン（N）の力が作用する圧力又は応力と定義されている。

（図版・資料／気象庁）

● 世界の火山の分布

0°　　　　　　　　90°　　　　　　　　180°

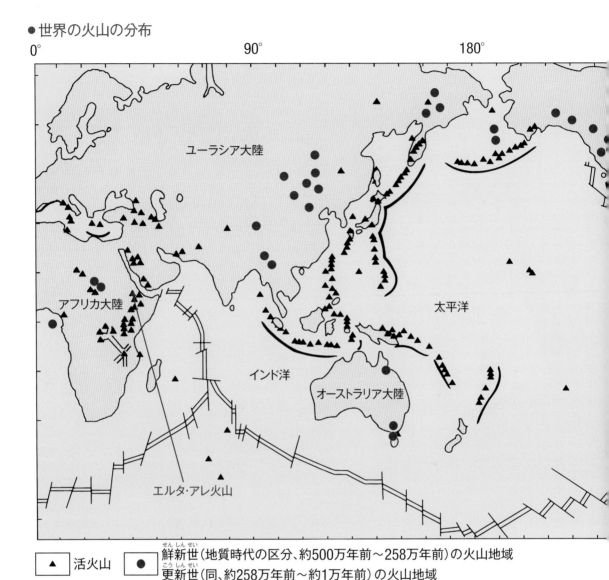

ユーラシア大陸

アフリカ大陸

エルタ・アレ火山

インド洋

太平洋

オーストラリア大陸

▲ 活火山　● 鮮新世（地質時代の区分、約500万年前〜258万年前）の火山地域
更新世（同、約258万年前〜約1万年前）の火山地域

● 火山のでき方と山のでき方の違い

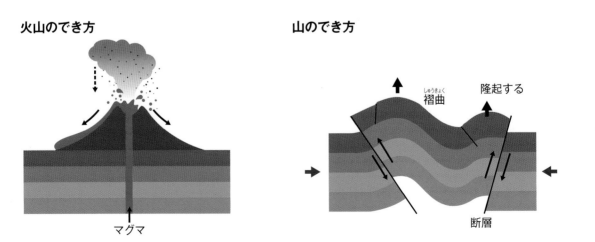

火山のでき方

マグマ

山のでき方

褶曲　　隆起する

断層

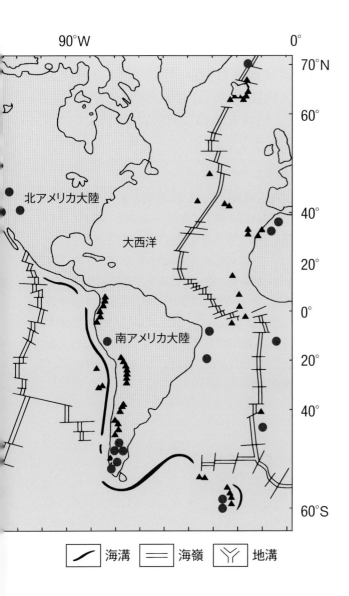

90°W　　　　　　　　0°

70°N
60°
40°
20°
0°
20°
40°
60°S

北アメリカ大陸

大西洋

南アメリカ大陸

| ⌒ | 海溝 | ≡ | 海嶺 | Y | 地溝 |

（図版・資料／気象庁）

エチオピア／エルタ・アレ火山

36 火山の監視体制

日本には火山噴火予知連絡会によって定義された活火山が111ある。全国に張り巡らされた観測網を駆使して調査・分析し、これらの火山に噴火の兆候がないかどうかを判断している。情報を集約し、迅速な発表につなげるためにどんな工夫がされているのだろうか。

■迅速な速報体制を構築

気象庁では、本庁（東京）に設置された「火山監視・警報センター」や、札幌・仙台・福岡の各管区気象台に設置された「地域火山監視・警報センター」（両者をまとめて「火山監視・警報センター」という）において、活火山の火山活動を監視している。

活火山のうち、「火山防災のために監視・観測体制の充実等の必要がある火山」として火山噴火予知連絡会によって選定された50火山については、各観測施設にある地震計や傾斜計、空振計や GNSS観測装置、また、監視カメラなども駆使して、24時間体制で常時観測・監視し、噴火の前兆を捉えて噴火警報等を発表する体制を整えている。

また、この50の火山以外の火山も含め、「火山監視・警報センター」の職員が現地に出向いて計画的に調査を行っており、火山活動の兆候が見られた場合には、必要に応じて観測体制を強化する。例えば、2018年に草津白根山（本白根山）の火山活動が活発化したときには、監視カメラや地震計を増設した。

● 噴火の先行現象と火山観測

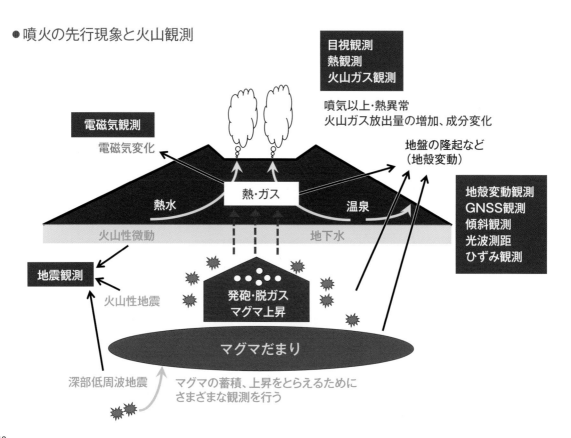

目視観測
熱観測
火山ガス観測

噴気以上・熱異常
火山ガス放出量の増加、成分変化

電磁気観測
電磁気変化

地盤の隆起など
（地殻変動）

熱・ガス

熱水　　　　温泉

地殻変動観測
GNSS観測
傾斜観測
光波測距
ひずみ観測

火山性微動　　　地下水

地震観測
火山性地震

発砲・脱ガス
マグマ上昇

マグマだまり

深部低周波地震　　マグマの蓄積、上昇をとらえるためにさまざまな観測を行う

● 火山活動の観測・監視・噴火警報などの発表

地元の気象台・火山防災連絡事務所
（火山防災官）

火山噴火予知連絡会

・観測データ、解析結果、研究成果等
火山活動の評価に必要な資料の共有

平常時は
・地元の火山防災協議会における避難計画の
共同検討を通じた「噴火警戒レベルの設定・改善」
・火山活動の計測・監視・評価の結果に基づく
活動状況のわかりやすい解説
緊急時は
・「警戒が必要な範囲」と
「とるべき防災対応」についての助言

自治体
関係機関
住民等

火山監視・警報センター
（札幌、仙台、東京、福岡）

活動状況の
変化に応じ
要員を現地に
派遣・駐在

迅速な発表

噴火警戒・予報
火山の状況に関する解説情報
火山活動解説資料 等

24時間体制で
火山活動を監視

火山活動の評価

・観測データの解釈と
総合評価

火山近傍に整備している観測施設

地震計　　　　　　傾斜計

空振計　GNSS観測装置　監視カメラ

観測データは
リアルタイムで
センターへ

定期的・随時に
現地に出向き
調査を実施
（電磁気観測や
地熱観測を含む）

火山機動観測班

・臨機応変な
現地観測体制の強化

・平常時でも定期的に
現地に出向いて
調査を実施

観測データ解析

・震動・地殻変動・空振・
望遠観測データ等の
詳細解析

（図版・資料／気象庁）

■遠隔地から先行現象を捉える

　火山噴火の前にはマグマや高温高圧の水蒸気が
地表付近まで上昇するため、群発地震が起きたり、
火山性微動などの前兆となる現象が起きたりする。
これを先行現象という。

　地震計による火山性地震や火山性微動の観測を
行う「振動観測」や、空振計による音波観測を行う
「空振観測」、傾斜計やGNSSなどによる地殻変動
観測を行う「地震変動観測」、監視カメラによる観
測などで、テレメータ（遠隔観測）によって先行現
象をとらえて情報発表につなげている（「テレメー
タによる連続監視」→P142参照）。

■ときには現地に飛んで調査する

　火山活動に兆候が見られる場合は、すぐさま現
地に機動観測班を派遣し、現地調査を行うことが
ある。

　現地調査では、赤外熱映像装置という機器を用
いて火口周辺の地表面温度分布を観測することに
より、温度の高まりなど熱活動の状態を把握する
「熱観測」や、ヘリコプター等によって、カメラや
赤外熱映像装置などを用いて、火口内や地熱域等
の温度や噴煙の様子や火山噴出物の様子など上空
から調査する「上空からの観測」を行う。

　さらには、火山ガス観測したり、噴火した場合
には、噴火の規模や特徴を把握するため、大学等
研究機関と協力して降灰や火山噴出物の調査を行
ったりもする。

● 噴火警報の発表

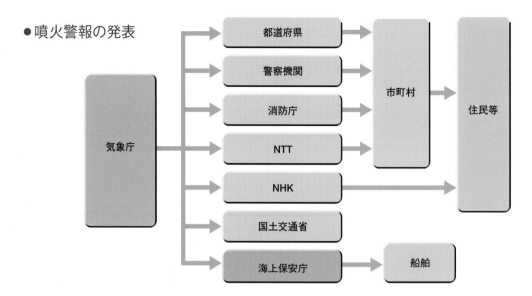

■常時観測50を含む111の火山を徹底観察

日本にある111の活火山のうち、50の火山を「火山防災のために監視・観測体制の充実等の必要がある火山」として選定して、常時観測しているが、これらは東京の気象庁本庁を中心に、全国にある「火山監視・警報センター」が周囲にある火山を、さまざまな計器を用いて行っているものだ。

各センターには「火山機動観測班」が組織されており、50以外の活火山についても計画的に現地に赴いて調査観測を行っている。

これら111の活火山について、観測・監視の結果に基づいて、火山活動を評価し、地域住民に危害をおよぼす可能性のある噴火が予想される場合には、「警戒が必要な範囲」を示して、噴火警報を発表している。

■テレメータによる連続監視

全国にある111の活火山の活動状況は、札幌、仙台、東京、福岡の各火山監視・警報センターで把握している。その方法は、自動の計器による連続観測を行い、これを遠隔地でデータ収集して分析する方法である。これを「テレメータによる連続監視」という。

以下、テレメータによる連続監視の方法について、詳しく説明する。

・震動観測・空振観測

火山による地震や火山性微動の振動を観測する。観測する計器は、地震計と呼ばれるものが用いられる。

空振観測は、空振計という計器を用いて、噴火などにともなって発生する空気の振動を観測するもの。

気象庁は各施設にある地震計・空振計からリアルタイムにデータを取得し、火山性地震や火山性微動から火山活動を把握している。

・遠望観測

ある地点から火山を高感度遠望カメラによって観測し、噴煙の高さ、色、噴出物、火映などの現象などを確認するもの。大学などの研究機関や自治体、防災機関などの協力を得ながら、火山に向けた遠望カメラから映像を転送して24時間監視が可能となっている。

・地殻変動観測

火山活動によって地下ではマグマの活動が起こる。そのときに地殻の傾斜が変化したり、膨張・収縮が生じたりするため、これらの地殻変動を傾斜計やGNSSを設置して、テレメータによってデータを転送して火山活動を把握する。

● テレメータによる連続監視イメージ図

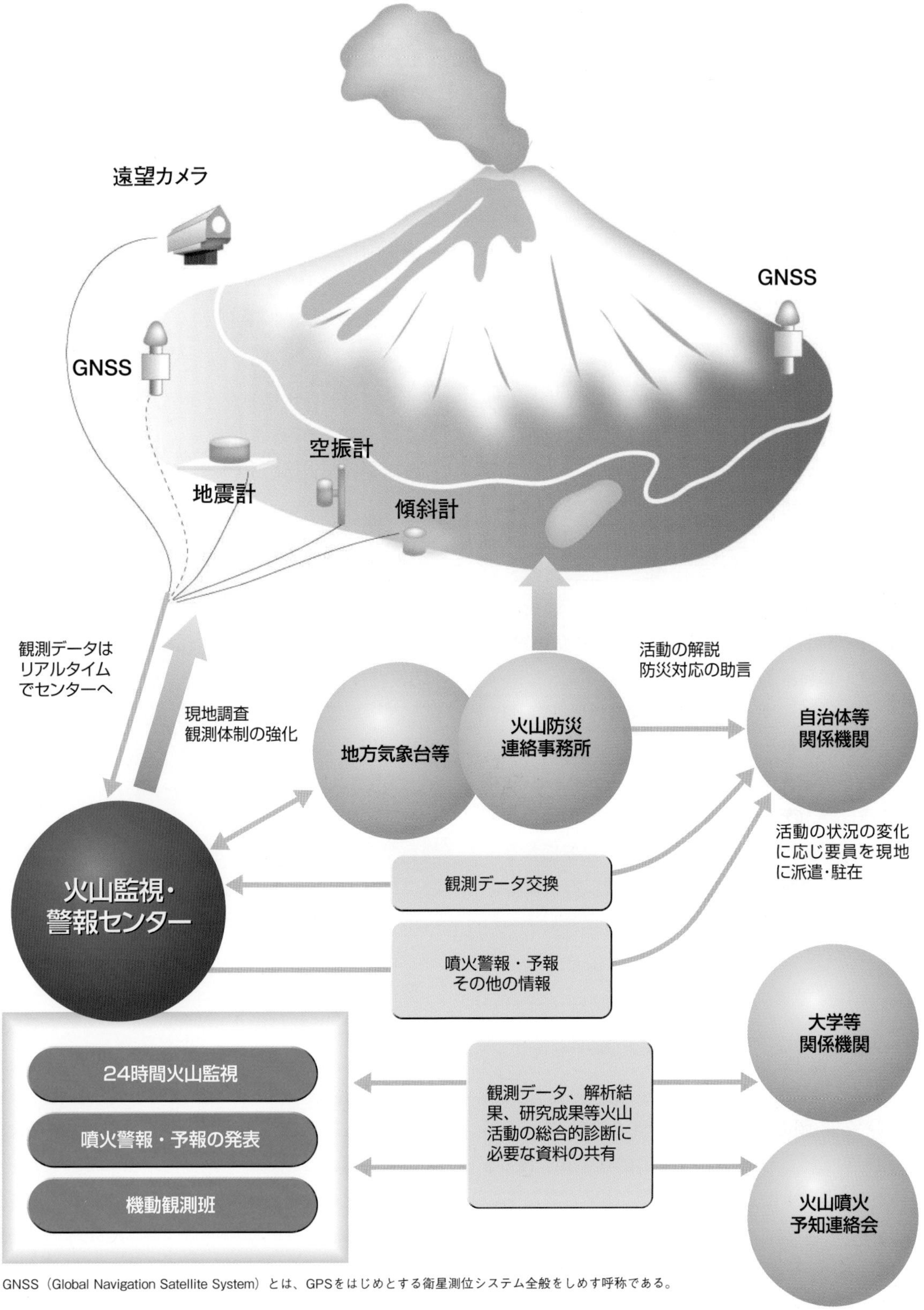

遠望カメラ

GNSS

GNSS

空振計

地震計

傾斜計

観測データは
リアルタイム
でセンターへ

現地調査
観測体制の強化

火山監視・
警報センター

地方気象台等

火山防災
連絡事務所

活動の解説
防災対応の助言

自治体等
関係機関

活動の状況の変化
に応じ要員を現地
に派遣・駐在

観測データ交換

噴火警報・予報
その他の情報

24時間火山監視

噴火警報・予報の発表

機動観測班

観測データ、解析結
果、研究成果等火山
活動の総合的診断に
必要な資料の共有

大学等
関係機関

火山噴火
予知連絡会

GNSS（Global Navigation Satellite System）とは、GPSをはじめとする衛星測位システム全般をしめす呼称である。

（図版・資料／気象庁）

37 噴火警報と警戒レベル

気象庁は、噴火による災害を可能な限り軽減させるために、全国111の活火山を対象として噴火警報を発表している。噴火警戒にはいくつものレベルがあり、最高レベルの特別警報になると避難が必要となる。噴火警報と警戒レベルを知って、防災に役立てることが必要である。

■被害が想定される場合に出される「警報」

火山が噴火すると、大きな噴石や火砕流などが発生し、周辺住民の生命に危険をおよぼすことがある。このような火山現象が起こる可能性がある場合、「警戒が必要な範囲」を明らかにしたうえで、気象庁が噴火警報を発表することになっている。

例えば、「警戒が必要な範囲」が火口周辺に限られる場合は「噴火警報（火口周辺）」、「警戒が必要な範囲」が居住地域までおよぶ場合は「噴火警報（居住地域）」として発表する（この「噴火警報（居住地域）」は特別警報に位置付けられる）。

また、海底火山については「噴火警報（周辺海域）」として発表する。

これらの噴火警報は、気象庁ホームページで掲載するほか、都道府県、警察、消防などの関係機関や報道機関を通じて住民らに対して発信される。

また、火山活動の状況が噴火警報におよばないと予想される場合には、「噴火予報」を発表することとしている。

■「火山噴火予知連絡会」とは

1974年に発足した火山噴火予知連絡会は、文部省測地学審議会（現文部科学省科学技術・学術審議会測地学分科会）が進めた「火山噴火予知計画」を円滑に推進する活動を行うために組織されたものである。

連絡会は、学識経験者や関係機関の専門家から構成され、火山噴火予知に関する研究成果や情報の交換、各火山の観測資料を検討するなどして火山活動についての総合的判断を行っている。また、噴火予知に関する研究および観測体制を整備するための検討を行ってもいる。

火山噴火が発生するなどの異常事態が起きたときには、気象庁長官の招集による幹事会や臨時に部会を開催し、火山活動の総合判断を行う。

■「噴火警戒レベル」の考え方

噴火警戒レベルは、2007年に概念がまとめられ同年12月から運用が開始された。噴火警戒レベルは5段階に区分された指標で、火山活動の状況に応じて「警戒が必要な範囲（生命に危険をおよぼす範囲）」と防災機関や住民等の「とるべき防災対応」が示されている。

一方、地元の自治体や関係機関では火山防災協議会が構成されており、市町村・都道府県の「地域防災計画」に定められた火山において、火山活動に応じた「警戒が必要な範囲」と「とるべき防災対応」が定められている。

噴火警戒レベルが運用されている火山では、噴火警報・噴火予報に噴火警戒レベルを加えて発表することとしている。

2015年12月には、活動火山対策特別措置法の一部改正により、常時観測火山の周辺地域では、火山防災協議会の設置が義務付けられた。

2019年3月現在、43の火山で噴火警戒レベルの運用が行われており、気象庁では、地元自治体などに対して具体的な避難計画の策定への助言を行ったり、噴火警戒レベルの設定と改善を地元の火山防災協議会と共同で進めたりしている。

●噴火警報の種類と「警戒が必要な範囲」

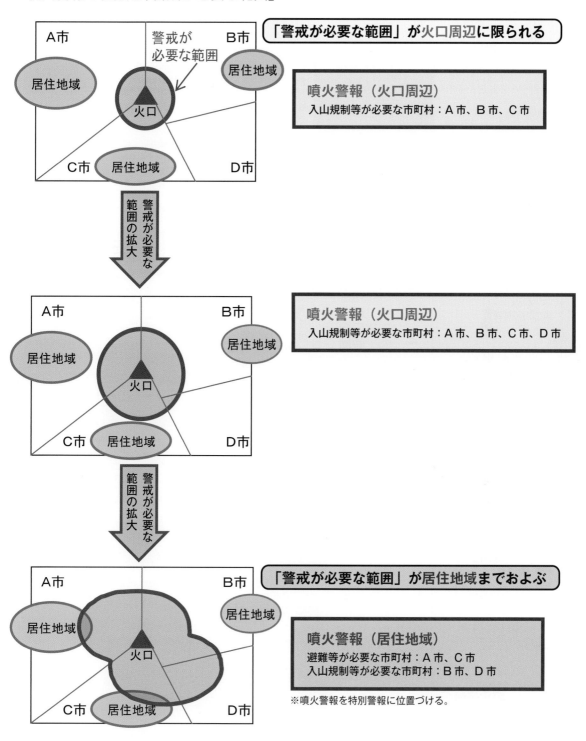

「警戒が必要な範囲」が火口周辺に限られる

噴火警報（火口周辺）
入山規制等が必要な市町村：A市、B市、C市

噴火警報（火口周辺）
入山規制等が必要な市町村：A市、B市、C市、D市

「警戒が必要な範囲」が居住地域までおよぶ

噴火警報（居住地域）
避難等が必要な市町村：A市、C市
入山規制等が必要な市町村：B市、D市

※噴火警報を特別警報に位置づける。

（図版・資料／気象庁）

● 噴火警報と噴火警戒レベル

警報・予報	対象範囲	レベル	キーワード	説明		
				火山活動の状況	住民等の行動	登山者・入山者への対応
噴火警報（居住地域）または噴火警報	居住地域およびそれより火口側	5	避難	居住地域に重大な被害をおよぼす噴火が発生、あるいは切迫している状態にある。	危険な居住地域からの避難等が必要（状況に応じて対象地域や方法などを判断）。	
		4	避難準備	居住地域に重大な被害をおよぼす噴火が発生すると予想される（可能性が高まってきている）。	警戒が必要な居住地域での避難準備、要配慮者の避難等が必要（状況に応じて対象地域や方法などを判断）。	
噴火警報（火口周辺）または火口周辺警報	火口から居住地域近くまで	3	入山規制	居住地域の近くまで重大な影響をおよぼす（この範囲に入った場合には生命に危険がおよぶ）噴火が発生、あるいは発生すると予想される。	通常の生活（今後の火山活動の推移に注意。入山規制）。状況に応じて要配慮者の避難準備等。	登山禁止・入山規制等。危険な地域への立入規制等（状況に応じて規制範囲を判断）。
	火口周辺	2	火口周辺規制	火口周辺に影響をおよぼす（この範囲に入った場合には生命に危険がおよぶ）噴火が発生、あるいは発生すると予想される。	通常の生活	火口周辺への立入規制等（状況に応じて火口周辺の規制範囲を判断）。
噴火予報	火口内等	1	活火山であることに留意	火山活動は静穏。火山活動の状態によって、火口内で火山灰の噴出等が見られる（この範囲に入った場合には生命に危険がおよぶ）。		特になし（状況に応じて火口内への立入規制等）。

● 噴火警戒レベルが運用されていない火山についての噴火警報・噴火予報

種別	名称	対象範囲	警戒事項等（キーワード）	火山活動の状況
特別警報	噴火警報（居住地域）又は噴火警報	居住地域およびそれより火口側	居住地域およびそれより火口側の範囲における厳重な警戒 居住地域厳重警戒	居住地域に重大な被害をおよぼす噴火が発生、あるいは発生すると予想される。
警報	噴火警報（火口周辺）又は火口周辺警報	火口から居住地域近くまでの広い範囲の火口周辺	火口から居住地域近くまでの広い範囲の火口周辺における警戒 入山危険	居住地域の近くまで重大な影響をおよぼす（この範囲に入った場合には生命に危険がおよぶ）噴火が発生、あるいは発生すると予想される。
		火口から少し離れたところまでの火口周辺	火口から少し離れたところまでの火口周辺における警戒 火口周辺危険	火口周辺に影響をおよぼす（この範囲に入った場合には生命に危険がおよぶ）噴火が発生、あるいは発生すると予想される。
予報	噴火予報	火口内等	活火山であることに留意	火山活動は静穏。火山活動の状態によって、火口内で火山灰の噴出等が見られる（この範囲に入った場合には生命危険がおよぶ）。

● 噴火レベルが適用されている火山

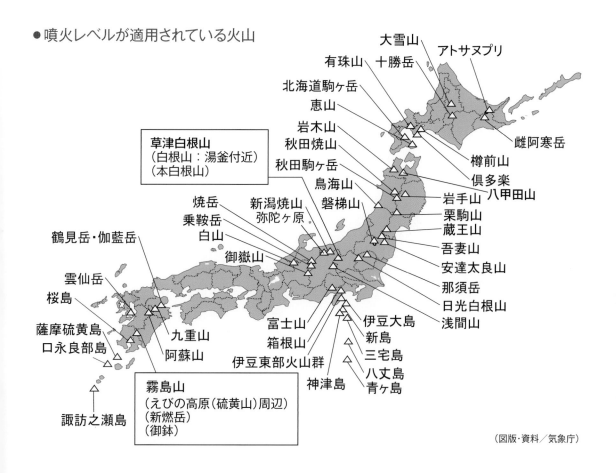

（図版・資料／気象庁）

登山中の噴火遭遇時の対処

☑ 頭や体をリュックサックなどで保護

☑ マスクやゴーグルの着用

☑ ヘルメット着用

☑ 物陰に隠れる

⚠ 隕石を避ける
火山ガスの臭いを感じたら、水で濡らしたタオルなどで口を覆い風上や高台に移動しましょう。

［対処法：まとめ］

①すぐに近くの山小屋やシェルターに避難。

②頑丈な建物が近くにないときは大きな岩の陰などに隠れる。

③岩に当たらないように頭や体をリュックサックなどで保護。

④火山灰を吸い込まない、目に入れないようにマスクやゴーグルを着用。

⑤噴石等が当たらないようにヘルメットを着用。

⑥火山ガスの臭いを感じたら、水で濡らしたタオルなどで口を覆い風上や高台に移動。

（日本気象協会推進
「トクする！　防災」避難の心得
火山編より）

38 降灰・火山ガス

　火山監視・警報センターでは、噴火警報などで扱う火山現象以外の現象についても予報を発表している。それには降灰予報と火山ガス予報がある。火山灰や火山ガスは、人々の生活に大きな影響を与えるばかりか、時には人の命を奪うものである。降灰や火山ガス予報について詳しく見ていこう。

■ 降灰と火山ガスの予報

　火山活動に関する予報として、2015年から提供されている降灰予報・火山ガス予報がある。

　気象庁が提供する降灰予報は、噴火によってどれくらいの量の火山灰が降るかや、風に流されて小さな噴石がどの程度の範囲まで広がって降るかを予測して発表される。

　降灰予報には、「降灰予報（定時）」「降灰予報（速報）」「降灰予報（詳細）」があり、内容や発表のタイミングがそれぞれ異なる情報となっている。また、降灰量はその多寡によって「多量」「やや多量」「少量」の3段階で表現して発表する。

　火山ガス予報は、居住地域に長期間影響するような多量の火山ガスが放出されている場合、火山ガス濃度の高まる可能性のある地域を発表して注意を促すものである。

● 降灰量階級表

　降灰予報では、降灰量を"降灰の厚さ"によって「多量」「やや多量」「少量」の3階級で表現する。「降灰量階級表」は、降灰予報を発表したとき、利用者が降灰量によってどのような行動をとればよいかを整理した表である。

名称	表現例			影響ととるべき行動		その他の影響
	厚さ キーワード	イメージ※1		人	道路	
		路面	視界			
多量	1mm以上 【外出を控える】	完全に覆われる	視界不良となる	<u>外出を控える</u> 慢性の喘息や慢性閉塞性肺疾患（肺気腫など）が悪化し健康な人でも目・鼻・のど・呼吸器などの異常を訴える人が出始める	<u>運転を控える</u> 降ってくる火山灰や積もった火山灰をまきあげて視界不良となり、通行規制や速度制限等の影響が生じる	がいしへの火山灰付着による停電発生や上水道の水質低下および給水停止のおそれがある
やや多量	0.1mm≦厚さ<1mm 【注意】	白線が見えにくい	明らかに降っている	<u>マスク等で防護</u> 喘息患者や呼吸器疾患を持つ人は症状悪化のおそれがある	<u>徐行運転する</u> 短時間で強く降る場合は視界不良の恐れがある道路の白線が見えなくなるおそれがある（およそ0.1～0.2mmで鹿児島市は除灰作業を開始）	稲などの農作物が収穫できなくなったり※2、鉄道のポイント故障等により運転見合わせのおそれがある
少量	0.1mm 未満	うっすら積もる	降っているのがようやくわかる	<u>窓を閉める</u> 火山灰が衣服や身体に付着する目に入ったときは痛みをともなう	<u>フロントガラスの除灰</u> 火山灰がフロントガラスなどに付着し、視界不良の原因となるおそれがある	航空機の運航不可※2

※1　掲載写真は気象庁、鹿児島市、（株）南日本新聞社による　　※2　富士山ハザードマップ検討委員会（2004）による想定

●降灰予想発表までの流れ

噴火と降灰のイメージ

降灰予報の発表までの流れ

噴火前

噴火の可能性が高まっている

↓

噴火発生（0分）

降灰予報（定時）

『噴火を仮定した降灰範囲等の予報』

・噴火発生の有無によらず定期的（3時間ごと）に発表する。
・噴火が発生したときの降灰範囲や小さな噴石の落下範囲を3時間ごと18時間先まで知らせる。

噴火直後（5〜10分程度）

火山の近くで降灰や
小さな噴石の落下が始まる

↓

降灰予報（速報）

『即時性を重視した小さな噴石等の予報』

・噴火発生後、速やかに（5〜10分程度で）発表する。
・観測値に最も近い計算結果をデータベースより抽出して、噴火発生から1時間以内の降灰量や小さな噴石の落下範囲を知らせる。

噴火後（20〜30分程度）

降灰予報（詳細）

『精度の高い降灰量の予報』

・観測値をもとに詳細な計算を行い、噴火後20〜30分程度で発表する。
・噴火発生から1時間ごと6時間先までの降灰量や市町村ごとの降灰開始時刻を知らせる。

火山から離れた場所で降灰が始まる

↓

火山灰が降り積もり、
降灰量によっては被害が生じる

（図版・資料／気象庁）

● 降灰の影響

交通障害	・火山灰が道路に降り積もることでスリップ事故を起こしたり、車が通行不能になったりする。 ・雨が降った場合は火山灰が固まり、5mm程度の降灰でも道路や鉄道が使えなくなるおそれが。 ・飛行場では条件がより厳しく、1mm程度の降灰で空港が閉鎖されることもある。
ライフラインへの影響	・電柱（がいし）に火山灰が付着して停電を引き起こしたり、 　浄水場への降灰で水質が低下するおそれが。
農作業被害	・露地栽培の作物に降り積もると商品価値を損なう。 ・日照の減少などで農作物が発育不良になる可能性。 ・火山灰の重みでビニールハウスが損傷するおそれが。
商工業への影響	・商品に火山灰が積もったり、建物の内部に火山灰が侵入して精密機械が故障するおそれ。
建物被害	・湿った火山灰が30cm積もると、木造の家が倒壊するおそれ。
風に流されて降る小さな噴石の落下	・強風時には10km以上も流される。 ・車の窓ガラスを割ったり、人に当たって怪我をする場合がある。 ・おおむね1cm以上のものから被害が生じる。
健康被害	・火山灰が目に入ったり、大量に吸い込んだりした場合、 　目、鼻、のど、気管支などに影響が出たり、ぜんそくの症状が悪化するおそれがある。

●降灰予報の発表と伝達

気象庁が発表する「降灰予報」は気象庁のホームページの他、テレビやラジオでも伝えられる。また国や地方公共団体にも提供され、用途に合わせて利用することで、被害の軽減につなげることができる。

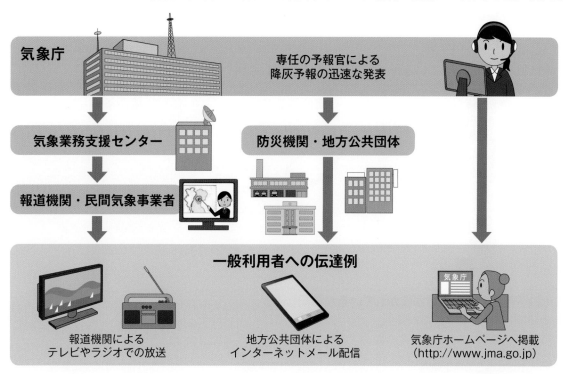

（図版・資料／気象庁）

■降灰予報の詳細

3種類の降灰予報（定時・速報・詳細）には次のような特徴がある。

・降灰予報（定時）

噴火発生の有無によらず3時間ごとに発表する。噴火が発生したときの降灰範囲や小さな噴石の落下範囲を3時間ごと18時間先まで知らせる。

・降灰予報（速報）

噴火発生後、5〜10分程度に発表される。噴火発生から1時間以内の降灰量や小さな隕石の落下範囲を知らせる。

・降灰予報（詳細）

観測値をもとに詳細な計算を行い、噴火後20〜30分程度で発表する。噴火発生から1時間ごとに6時間先までの降灰量や市町村ごとの降灰開始時刻を知らせる。

■降灰予報の仕組みと降灰量階級

降灰予報のために、まず監視カメラ、気象レーダー、気象衛星を駆使して噴煙を正確に把握する。把握した噴煙を初期値としてスーパーコンピュータでシミュレーションを行い、いつ・どこに・どれくらいの降灰があるかを予測する。その予測結果をもとに発表が行われる。

降灰予報では、降灰量を「多量」「やや多量」「少量」の3段階に分類しており、それによってどれくらいの影響があるか、どのように行動するべきかを定めている。

例えば、「人の行動」としては「多量」の場合は「外出を控える」、「やや多量」の場合は「マスク等で防護」、「少量」の場合は「窓を閉める」などという具合である。

● 降灰予想の利活用のイメージ

用途に合わせた情報の利活用を!

○降灰予報の利活用のイメージ

「噴火前」　　　　　「噴火直後」　　　　　「噴火後」

(1)気象庁が発表している最新の降灰予報を入手しよう

降灰予報(定時)	降灰予報(速報)	降灰予報(詳細)

外出前にテレビの天気予報でその日の降灰範囲を確認	ラジオやインターネットなどで火山が噴火したことを知る	気象庁ホームページで6時間先までの降灰量を確認

(2)予報にどんな内容が書かれているか確認しよう

・降灰の範囲 ・降灰が予想される市町村 ・小さな噴石の落下範囲	・降灰量の範囲(3階級) ・降灰が予想される市町村 ・小さな噴石の落下範囲	・降灰量の範囲(3階級) ・降灰が予想される市町村 ・市町村の降灰開始時刻

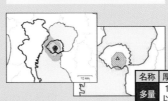
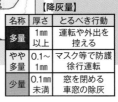

【小さな噴石の落下範囲】

名称	大きさ	とるべき行動
小さな噴石	1cm以上	屋内退避

【降灰量】

名称	厚さ	とるべき行動
多量	1mm以上	運転や外出を控える
やや多量	0.1～1mm	マスク等で防護 徐行運転
少量	0.1mm未満	窓を閉める 車窓の除灰

(3)状況に合わせた対応行動を取ろう

降灰に備え窓を閉め、傘やマスクを用意してから外出	小さな噴石を避けるため、急いで頑丈な建物の中に退避	やや多量の降灰が予想されるため、傘やマスクで防護

(図版・資料/気象庁)

● 降灰と火山ガスの予報

噴火警報等で扱う火山現象以外にも、火山現象に関する予報として降灰予報と火山ガス予報を発表している。

予報の種類	内　容
降灰予報	「降灰量」および「風に流されて降る小さな噴石の落下範囲」を予測して、内容や発表タイミングの異なる3種類の情報（「降灰予報（定時）」「降灰予報（速報）」「降灰予報（詳細）」）に分けて発表する。降灰量は降灰の厚さによって「多量」、「やや多量」、「少量」の3階級で表現する。
火山ガス予報	居住地域に長期間影響するような多量の火山ガスの放出がある場合に、火山ガスの濃度が高まる可能性のある地域を発表する。

● 過去に発生した火山災害

噴火年月日	火山名	犠牲者（人）	備考
1721（享保6）年6月22日	浅間山	15	噴石による
1741（寛保元）年8月29日	渡島大島	1,467	岩屑なだれ・津波による
1764（明和元）年7月	恵山	多数	噴気による
1779（安永8）年11月8日	桜島	150余	噴石・溶岩流などによる「安永大噴火」
1781（天明元）年4月11日	桜島	8、不明7	高免沖の島で噴火、津波による
1783（天明3）年8月5日	浅間山	1,151	火砕流、土石なだれ、吾妻川・利根川の洪水による
1785（天明5）年4月18日	青ヶ島	130〜140	当時327人の居住者のうち130〜140名が死亡と推定され、残りは八丈島に避難
1792（寛政4）年5月21日	雲仙岳	約15,000	地震および岩屑なだれによる「島原大変肥後迷惑」
1822（文政5）年3月23日	有珠山	103	火砕流による
1841（天保12）年5月23日	口永良部島	多数	噴火による、村落焼亡
1856（安政3）年9月25日	北海道駒ヶ岳	19〜27	噴石、火砕流による
1888（明治21）年7月15日	磐梯山	461（477とも）	岩屑なだれにより村落埋没
1900（明治33）年7月17日	安達太良山	72	火口の硫黄採掘所全壊
1902（明治35）年8月上旬（7日〜9日のいつか）	伊豆鳥島	125	全島民死亡。
1914（大正3）年1月12日	桜島	58〜59	噴火・地震による「大正大噴火」
1926（大正15）年5月24日	十勝岳	144（不明を含む）	融雪型火山泥流による「大正泥流」
1940（昭和15）年7月12日	三宅島	11	火山弾・溶岩流などによる
1952（昭和27）年9月24日	ベヨネース列岩	31	海底噴火（明神礁）、観測船第5海洋丸遭難により全員殉職
1958（昭和33）年6月24日	阿蘇山	12	噴石による
1991（平成3）年6月3日	雲仙岳	43（不明を含む）	火砕流による「平成3年（1991年）雲仙岳噴火」
2014（平成26）年9月27日	御嶽山	63（不明を含む）	噴石などによる

39 富士山と巨大地震

日本の最高峰である富士山は、1707（宝永４）年に大規模な噴火が起こってから300年以上もの間、平穏を保っている。しかし、近い将来の噴火を危惧（きぐ）する研究者も少なくない。

富士山が噴火すると、どんな影響があるのか。地震と噴火の両面から、その影響について見ていこう。

■富士山は他とは成り立ちが違う

富士山は玄武岩（げんぶがん）を主体とする標高3776mの成層火山である。成層火山とは、ほぼ同一の火口から複数回の噴火によって、溶岩や火山砕屑物（さいせつぶつ）などが積み重なって形成された円錐状の火山のことである。富士山の誕生は、いまから100万年から70万年前の海底火山に始まるとされる。

その後、何十万年にもわたって、何度も大規模な噴火を起こしたために、溶岩や火山砕屑物が積み重なって3776mもの標高を得ることができ、またきれいな円錐状の形を成すに至った。

■富士山をつくった地殻

富士山は、海洋プレートであるフィリピン海プレートが、大陸プレートであるユーラシアプレートの下に沈み込む部分のちょうど真上に位置する。プレート境界では地殻が不安定であるため、噴火のみならず地震も起こりやすい。

富士山は、1回の噴火で放出されるマグマの量はそれほど多くはないが、何度も噴火活動が繰り返されることによって、日本一の高さとなった現在の姿になったと考えられている

■噴火と地震は連動して起こる？

火山が噴火するときには、多くの場合、直前に地震活動が活発化する。そのため、噴火と地震は連動して起こることが多い。

富士山が噴火する場合は、それに付随して起こる地震と火砕流、噴石、降灰などにおける影響が懸念される。

まず地震については、噴火の直前にマグマが地表へ向かって上昇していく段階で地盤が割れることで発生する。マグマが自ら通り道をつくって移動するときに地表が振動するからだ。これまでの研究によって、この地震発生回数の変化などから噴火の予知ができると考えられている。

富士山周辺では1980年代から地震計による観測が行われており、今でも1年間に十数回程度の地震が確認されている。

特に2000年10月から12月にかけて低周波地震が100〜200回観測されており、2011年3月15日には富士山直下でM6.4の地震が発生したことがわかっている。これらの現象から、富士山の近い将来の噴火の可能性が取り沙汰されているのである。

政府の中央防災会議では、2020年3月、富士山の大規模噴火にともなう首都圏への影響や対策をまとめた。最悪の場合、対象とした7都県で地上を走る鉄道の運行が停止し、首都圏で大規模な交通網のまひや、停電などによる「社会的混乱が発生する」と指摘した。

直近の噴火は1707年の「宝永噴火」。小康状態を挟んで16日間続いたとされるが、宝永噴火と同規模の噴火が起きた場合、風向きが西南西で雨が降った場合は、首都圏で最も降灰量が多くなり、例えば東京・新宿では噴火15日目までに灰が10㎝積もるという。

処理が必要な火山灰の総量は、合計で約4億9000万㎥に上り、東日本大震災で発生した災害廃棄物の約10倍に当たる。

● 富士山噴火の歴史

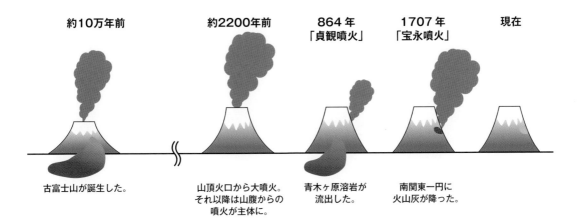

| 約10万年前 | 約2200年前 | 864年「貞観噴火」 | 1707年「宝永噴火」 | 現在 |

古富士山が誕生した。

山頂火口から大噴火。それ以降は山腹からの噴火が主体に。

青木ヶ原溶岩が流出した。

南関東一円に火山灰が降った。

● 噴火時の防災ハザードマップ

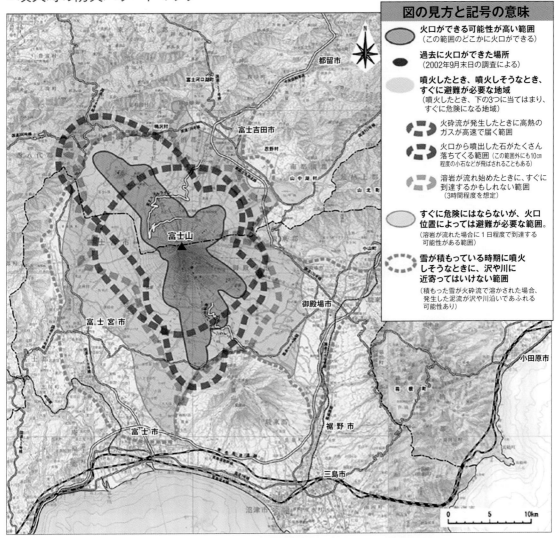

図の見方と記号の意味

火口ができる可能性が高い範囲
（この範囲のどこかに火口ができる）

過去に火口ができた場所
（2002年9月末日の調査による）

噴火したとき、噴火しそうなとき、すぐに避難が必要な地域
（噴火したとき、下の3つに当てはまり、すぐに危険になる地域）

火砕流が発生したときに高熱のガスが高速で届く範囲

火口から噴出した石がたくさん落ちてくる範囲（この範囲外にも10cm程度の小石などが飛ばされることもある）

溶岩が流れ始めたときに、すぐに到達するかもしれない範囲（3時間程度を想定）

すぐに危険にはならないが、火口位置によっては避難が必要な範囲。
（溶岩が流れた場合に1日程度で到達する可能性がある範囲）

雪が積もっている時期に噴火しそうなときに、沢や川に近寄ってはいけない範囲
（積もった雪が火砕流で溶かされた場合、発生した泥流が沢や川沿いであふれる可能性あり）

（図版はいずれも：内閣府富士山防災協議会作成の「富士山火山防災マップ」より）

● 富士山の構造

なぜ玄武岩になるマグマが大量に放出されるのかは解明されていない。だが富士山がユーラシアプレート、フィリピン海プレート、太平洋プレートの接する地域に位置することと関係があるのではないかと見られている。SiO₂は二酸化ケイ素の量。wt%は「質量パーセント濃度」を表す。

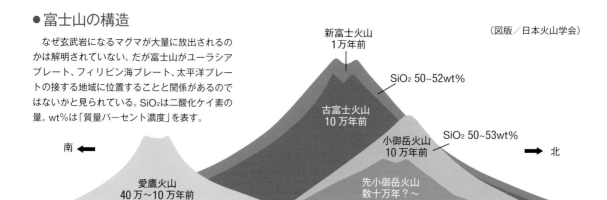

（図版／日本火山学会）

新富士火山
1万年前

SiO₂ 50~52wt%

古富士火山
10万年前

小御岳火山
10万年前

SiO₂ 50~53wt%

先小御岳火山
数十万年？～
SiO₂ 50~70wt%

南 ←

愛鷹火山
40万～10万年前

北 →

■ 富士山は「3階建て」「4階建て」？

富士山はかつて「3階建て」とも言われ、3段階の噴火によって形成されたとされていたが、2004年のボーリング調査によって、さらに深い箇所に火山体があることがわかった。

これはすでに見つかっていた小御岳火山より先にあった火山体であるとして、「先小御岳火山」と名付けられた。これによって、現在では「4階建て」とも言われることがある。

つまり、まず数十万年以上前に先小御岳火山ができ、10万年前までに小御岳火山が形成された。その後、小御岳火山の中腹で古富士火山が噴火、

さらには約1万年前に古富士山を覆うように新富士火山が形成されたと考えられている。

こうして、火山活動が繰り返されることによって、年輪のように外側に新しい火山体が形づくられて今の形となったのが富士山である。

■ 富士山の特異な地質

通常、火山から噴出するマグマは、二酸化ケイ素（SiO₂）の量などによって区分され、二酸化ケイ素が少ないものから順に玄武岩、安山岩、デイサイト、流紋岩に分類される。日本の火山は安山岩で形成されているものが多いが、富士山はより二

● 降灰の可能性がある地域（富士山頂で宝永規模の噴火が発生した場合の月別降灰分布図）

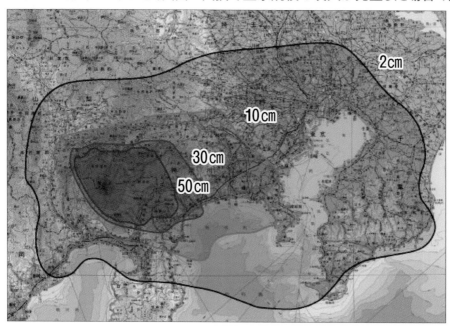

酸化ケイ素の少ない玄武岩でつくられている。玄武岩のマグマは安山岩のものより粘性が低いため、流れやすくなる。そのため、広範囲に広がりやすい。

そのため、富士山の広い裾野(すその)が形成されたと考えられる。また、富士山に見られる多くの溶岩洞窟(どうくつ)や溶岩樹形といった特殊な地形が形成されたのもマグマの流れやすさによるものと考えられる。

■富士山が噴火するとどうなる？

富士山が噴出すると、広範囲に火山灰が降り注ぎ、人々の生活に影響することが考えられる。

火山の噴火によってどれくらいの火山灰が降り積もるかというと、場所によって大きく異なると考えられている。

富士山上空は偏西風地帯にあるため、火山灰は富士山の東側に運ばれる。過去に起こった富士山の噴火の影響を研究した結果によれば、東京では10cm、神奈川県西部では30cmの厚さに火山灰が降り積もるとされている。

富士山の噴火による影響は他の火山に比べて甚大であると予想されることから、「富士山火山防災協議会」が2001年に発足した。この協議会は、国の防災機関および富士山周辺の地方自治体から組織されたもので、2004年に「富士山火山防災マップ」を作成している。これは過去3200年間の噴火活動や災害の発生頻度などから、さまざまな噴火の影響を検証し、危険な領域を示したものである（P155～157図参照）。

関係自治体では、この「富士山火山防災マップ」をもとに、防災計画を立案している。

（図版はいずれも「富士山火山防災マップ」より）

● 溶岩流の予想到達の範囲①

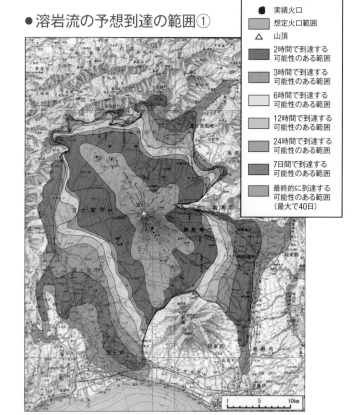

凡 例
● 実績火口
想定火口範囲
△ 山頂
2時間で到達する可能性のある範囲
3時間で到達する可能性のある範囲
6時間で到達する可能性のある範囲
12時間で到達する可能性のある範囲
24時間で到達する可能性のある範囲
7日間で到達する可能性のある範囲
最終的に到達する可能性のある範囲（最大で40日）

● 溶岩流の予想到達の範囲②

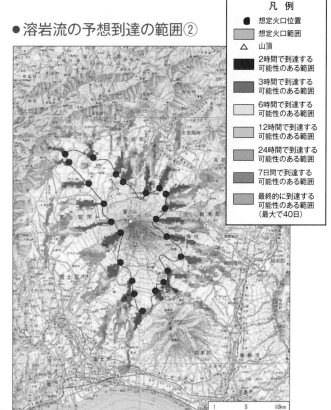

凡 例
● 想定火口位置
想定火口範囲
△ 山頂
2時間で到達する可能性のある範囲
3時間で到達する可能性のある範囲
6時間で到達する可能性のある範囲
12時間で到達する可能性のある範囲
24時間で到達する可能性のある範囲
7日間で到達する可能性のある範囲
最終的に到達する可能性のある範囲（最大で40日）

「いざ」のときに備える③

大地震・大災害に備えよう

避難するときは

避難の場所

●一時集合場所

避難場所に避難する前に、避難者が一時的に集合して様子を見る場所
（小・中学校のグラウンド、近くの公園、神社・仏閣の境内など）

●避難場所

火災の危険から、避難者の生命を保護するための場所
（大きな公園、広場など）

●避難所

家の倒壊・焼失などにより、自宅で生活できなくなった人たちが、しばらく生活する場所
（小・中学校、公民館などの公共施設）

避難の流れ

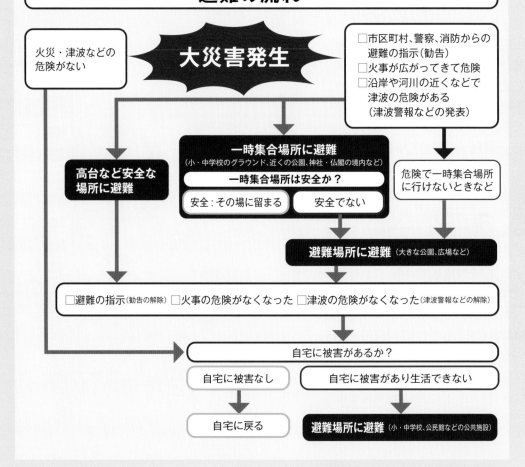

大災害発生

火災・津波などの危険がない

□市区町村、警察、消防からの避難の指示（勧告）
□火事が広がってきて危険
□沿岸や河川の近くなどで津波の危険がある（津波警報などの発表）

高台など安全な場所に避難

一時集合場所に避難（小・中学校のグラウンド、近くの公園、神社・仏閣の境内など）
一時集合場所は安全か？
安全：その場に留まる　　安全でない

危険で一時集合場所に行けないときなど

避難場所に避難（大きな公園、広場など）

□避難の指示（勧告の解除）　□火事の危険がなくなった　□津波の危険がなくなった（津波警報などの解除）

自宅に被害があるか？

自宅に被害なし　　自宅に被害があり生活できない

自宅に戻る　　避難場所に避難（小・中学校、公民館などの公共施設）

「地震のときはこうしよう」（警視庁）より作成

● 土砂災害・浸水害・洪水害に対する主な情報

大雨警報 （土砂災害）	大雨により、重大な土砂災害が発生するおそれがあると予想したときに発表される。この情報が発表されたときは、実際にどこで土砂災害発生の危険性が高まっているかを、気象庁の「土砂災害警戒判定メッシュ情報」で確認すること。
土砂災害 警戒情報	大雨により、命に危険がおよぶ土砂災害がいつ発生してもおかしくない状態になったときに、都道府県と気象庁が共同で発表する。これが発表されたときは、「土砂災害警戒判定メッシュ情報」において「非常に危険」（うす紫色）が出現していることを意味していて、市町村から避難勧告が発令されうる状態。「非常に危険」（うす紫色）のメッシュ内の土砂災害警戒区域内に住む人は、速やかに避難を開始すること。
土砂災害警戒判定 メッシュ情報	大雨による土砂災害発生の危険度の高まりを、地図上で5段階に分けて示す情報。常時10分ごとに更新され、「大雨警報（土砂災害）」「土砂災害警戒情報」「記録的短時間大雨情報」などが発表されたときに、どこで危険度が高まっているかを把握することができる。 避難にかかる時間を考慮して、危険度の判定には2時間先までの「土壌雨量指数」などの予測値を用いている。したがって、遅くとも「非常に危険」（うす紫色）が出現した時点で速やかに避難を開始し、「極めて危険」（濃い紫）に変わるまでに土砂災害警戒区域などの外の、少しでも安全な場所への避難を完了しておくこと。

● 危険度の高まりに応じて段階的に発表される防災気象情報を活用！

（内閣府「避難勧告に関するガイドライン」に基づき気象庁が作成）

警戒レベル5の状況では、すでに災害が発生して避難できなくなる。警戒レベル3や4の段階で避難することが大切！

気象状況	気象庁などの情報				市町村の対応	住民が取るべき行動	警戒レベル
			危険度分布				
大雨の数日〜約1日前	早期注意報（警報級の可能性）				・心構えを一段と高める ・職員の連絡体制を確認	災害への心構えを高める	1
大雨の半日〜数時間前	大雨注意報 洪水注意報	高潮注意報			第1次防災体制 （連絡要員を配置）	ハザードマップなどで避難行動を確認	2
	大雨警報に切り替える可能性が高い注意報		注意（注意報級）	氾濫注意情報	第2次防災体制 （避難勧告の発令を判断できる体制）		
大雨の数時間〜2時間前程度	大雨警報※1 洪水警報	高潮警報に切り替える可能性が高い注意報	警戒（警報級）	氾濫警戒情報	第3次防災体制 （避難準備・高齢者避難開始の発令を判断できる体制）	土砂災害警戒区域などや急激な水位上昇のおそれがある河川沿いに住む人は、**避難準備が整い次第、避難開始** 高齢者などは速やかに避難	3
	土砂災害警戒情報	高潮警報※2 高潮特別警報	非常に危険	氾濫危険情報	避難勧告 第4次防災体制 （災害対策本部設置）	速やかに避難 ・危険な区域の外の、少しでも安全な場所に速やかに避難	4
			極めて危険		避難指示（緊急） ※緊急的または重ねて避難を促す場合など	準備を完了 ・道路冠水や土砂崩れにより、すでに避難が困難となっているおそれがあり、この状況になる前に避難を完了しておくこと	
数十年に一度の大雨	大雨特別警報			氾濫発生情報	災害発生情報 ※可能な範囲で発令 ・大雨特別警報の発表時は、避難勧告のなどの対象範囲を再度確認	危険な区域からまだ避難できていない人は、命を守るための最善の行動をとる ・大雨特別警報発表時には、災害が起きないと思われているような場所でも危険度が高まる"異常事態"であることを踏まえて行動。	5

※1 夜間から早朝に大雨警報（土砂災害）に切り替える可能性が高い注意報は、避難準備・高齢者等避難開始（警戒レベル3）に相当。
※2 暴風警報が発表されている際の高潮警報に切り替える可能性が高い注意報は、避難勧告（レベル4）に相当。

■ 編者 ————————「GEOペディア」制作委員会

■ 協力 ———————— 気象庁
■ 制作協力 ———— 未来工房（竹石 健／佐藤弘子）
　　　　　　　　　　ザ・ライトスタッフオフィス（河野浩一／岸川貴文）
　　　　　　　　　　コトノハ（櫻井健司）
■ 本文写真
　（出典明記以外の写真）シャッターストック
■ デザイン・DTP —— Creative・SANO・Japan（大野鶴子／水馬和華／中丸夏樹）

■ 定価 ———————— カバーに表示します。

本書は『ひとりで学べる地学』（弊社刊）の基礎知識に、気象庁、文部科学省、国土地理院、その他の研究機関などが公表している地震・火山噴火・地球の構造などに関する最新データや知見を加えて、整理、構成したものである。

GEO PEDIA ペディア

最新 巨大地震と火山噴火をよく知る本！

2020 年 6 月 25 日　初版発行

発行者　野村久一郎
発行所　株式会社 清水書院
　　　　〒 102-0072　東京都千代田区飯田橋 3-11-6
　　　　電話：(03) 5213-7151
振替口座　00130-3-5283
印刷所　株式会社 三秀舎